身边的树木朋友

下

主编 高慧贤 赵良成

中国林业出版社
CFPH China Forestry Publishing House

目录 下

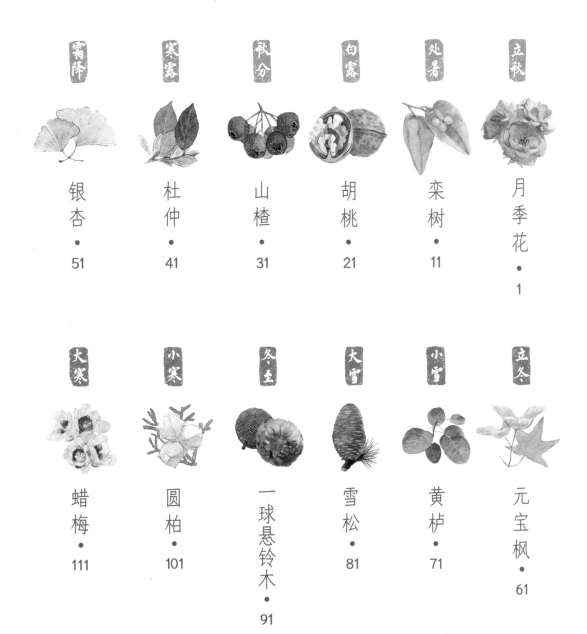

Rosa chinensis

yuè jì huā
月季花

蔷薇科

唯有月季开不厌，四时荣谢色常同。

立秋

我的自画像

我叫月季花，是一种灌木花卉，为中国十大名花之一。

现在各地栽培的多数为现代月季，

它是由中国的月季花和多种蔷薇杂交育种而来，

人们通常把我们统称为“月季”。

正如我的名字月季花，

一年四季，花开不断，花期很长，

所以人们又称我为“月月红”和“月月花”。

我的枝条上常有短粗的钩状皮刺，

在叶子背面也有散生的细小皮刺。

尽管如此，丝毫不影响大家对我的喜爱，

到处都能看到我的身影。

我的花很大，单生或几朵聚集生长，

栽培品种的花瓣经常为重瓣。

花色也有很多种，粉色、红色、白色、黄色……

用花大色美来形容我再适合不过了。

因为我花容秀美、千姿百态，被誉为“花中皇后”。

很多城市选我为市花，

我也是北京市的市花之一。

我的身体

枝干和皮刺

叶（羽状复叶）

花枝

花

果实（蔷薇果）

种子

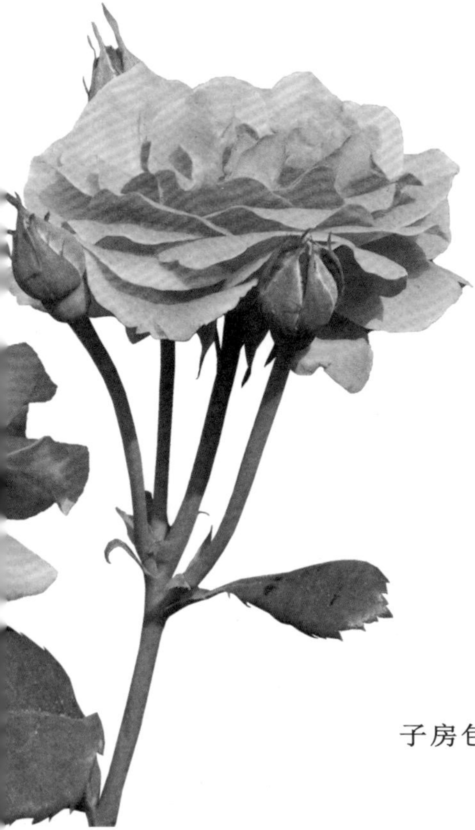

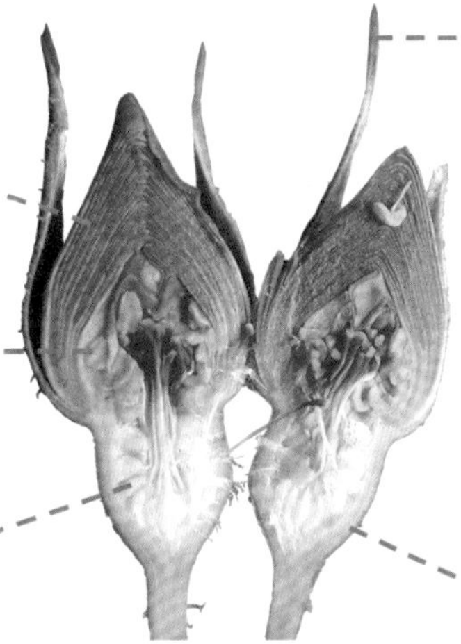

花的结构

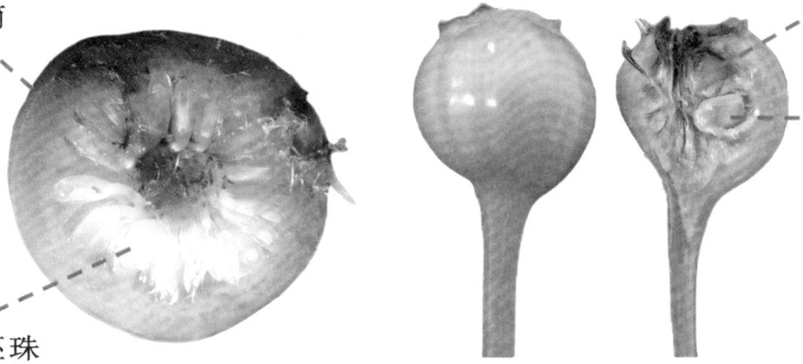

子房和果实的结构

我的生长阶段

展叶期 3—5 月　　花期 4—10 月　　果期 6—11 月

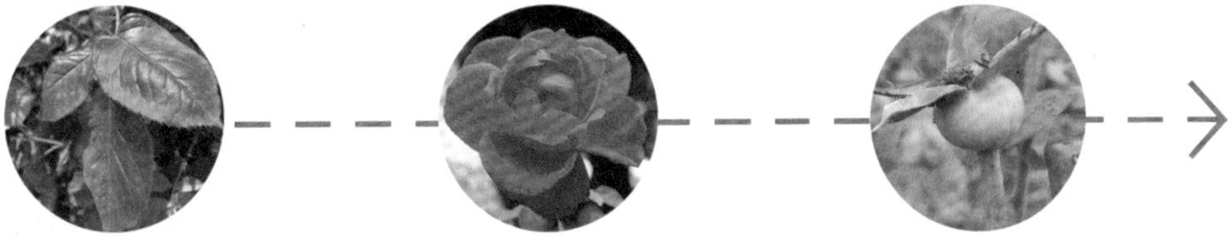

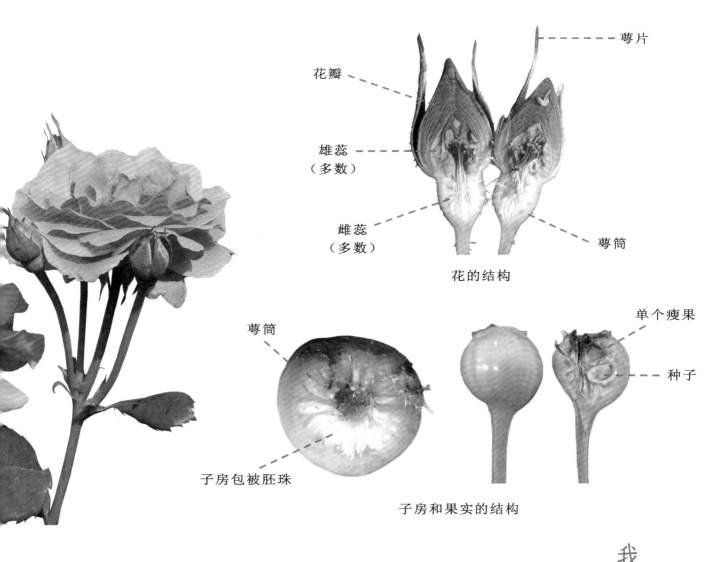

我的价值

我原产于中国，有 2000 多年的栽培历史，
早在汉唐时期已大量栽植观赏，
深受人们的喜爱。
历代文人留下了不少赞美我的诗句。
宋代诗人苏轼曾有“唯有此花开不厌，一年长占四时春”
的诗句，更有杨万里的《腊前月季》中写道：
“只道花无十日红，此花无日不春风……
别有香超桃李外，更同梅斗雪霜中”。
这些诗句赞美了月季花四时常开以及花香和耐寒的特性。

现在各地广泛栽培的多为现代月季，
其花型多样，有单瓣和重瓣，
还有高心、卷边等优美花型；
花色艳丽、丰富，不仅有很多单色，
还有混色、彩边等，品种极多。
现代月季既可庭园栽植或盆栽，
又可作切花生产，在花卉园艺上占有重要地位。
除了观赏，多数品种的花有芳香，
可提取香料，还可作为食用和药用植物。

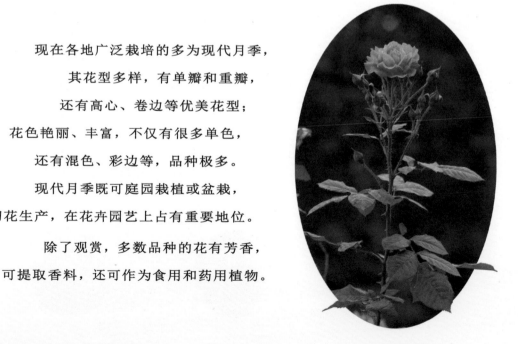

我的朋友圈

许多人经常把我和玫瑰混淆，但其实我们不是一种。
花店里用作切花的玫瑰实际上是现代品种的月季，
在各种礼仪场合，月季也是最常用的切花材料。

月季与玫瑰是近亲，外形很相似，
主要从以下几个特征区别。
一是看叶子。月季的复叶小叶少，
3 ～ 5 片，叶子表面光滑、发亮；
玫瑰的复叶小叶多，5 ～ 9 片，
叶表面不光滑，发皱，也没有光泽。
二是看刺。月季的刺少，稀疏，刺比较大，宽扁；
玫瑰刺多，稠密，像针一样，细长。
三是看花。月季花较大，颜色多样；
玫瑰花较小，一般为粉红色。

实践与拓展

实践

中国有 50 多个城市将月季选为市花，月季也是北京市的市花之一。你能说出一些把月季作为市花的城市吗？你知道北京的另一种市花是什么吗？

月季和现代月季栽培的品种特别多，查阅资料了解一下主要有哪些品种，各有什么特点？选不同季节去植物园或公园观赏不同品种的月季，并给它们拍照记录吧！

luán 栾 shù 树

Koelreuteria paniculata

无患子科

木栾花果同树留，美在枝头不胜收。

处暑

我的自画像

我叫栾树，是一种落叶乔木，分布和栽培都很广泛。

我的叶为一回至二回羽状复叶，叶片大小不一，裂得也很不规则。

我是为数不多夏秋开花的树种，花序很大，长在枝条顶端，

盛花时整个树冠就像一把金黄色的巨伞，鲜亮醒目，你远远就能看到我。

我的花型奇特，且分雌雄，4 个黄色花瓣排列在花的一侧，基部还有艳丽的小鳞片。

我会边开花边结果，一串串果实挂在枝头，随季节变换着色彩，美不胜收。

果实形态也很奇特，倒三角形，包有纸一样薄的果皮，膨大成囊状，外形像一盏盏小灯笼。

微风吹过，聚在一起的“灯笼”轻轻摇摆，人们又叫我“灯笼树”。

我在一年四季都绚丽多彩，春天幼叶嫩红可爱，夏天花开满树金黄，

入秋叶色变黄，果实则是红褐色，冬季落叶后仍然悬挂枝头，随风作响。

我可谓集观叶、观花和观果于一身，不同凡响。

我的身体

树皮

幼叶

叶（羽状复叶）

花

果实（蒴果）

种子

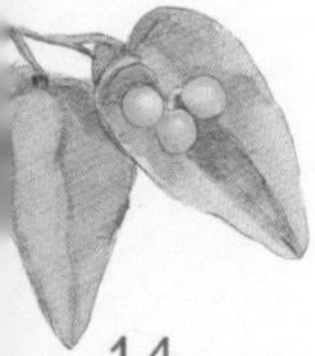

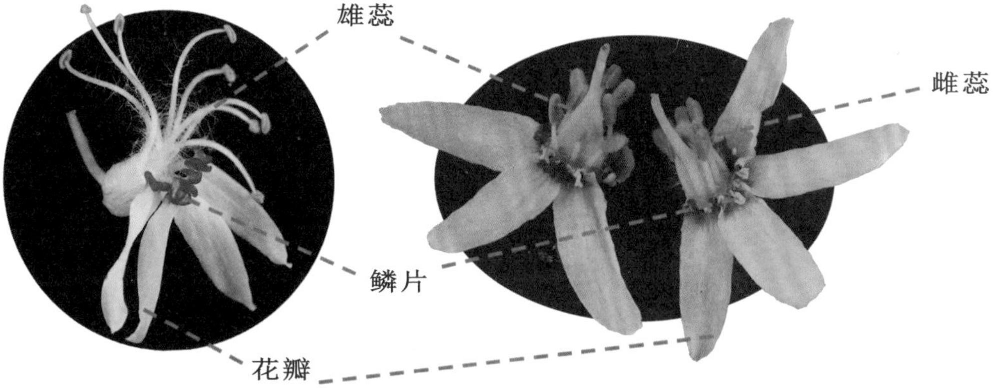

雄花的结构　　雌花的结构

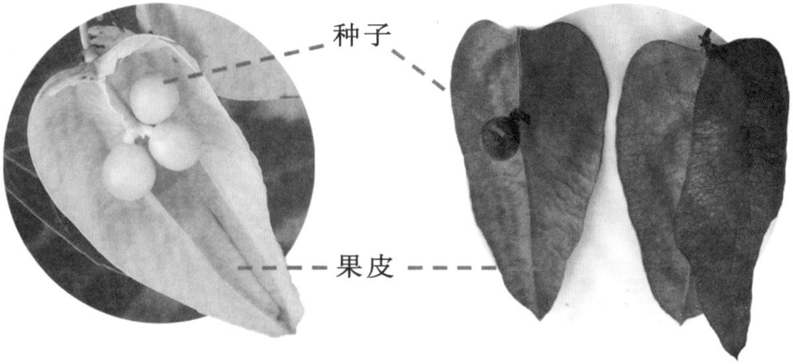

果实的结构

我的生长阶段

展叶期 4—5 月　花期 6—9 月　幼果期 7—8 月　果实成熟期 9—10 月

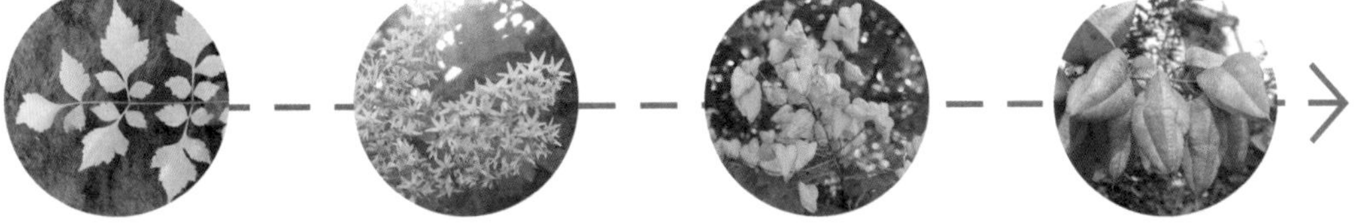

我的价值

我的树形挺拔，枝叶茂密。

春赏叶、夏至初秋观花、

深秋初冬赏叶看果，季相明显。

我在园林绿化中备受青睐，在各公园及庭园被广为栽培，是优良的庭荫树、行道树和城乡绿化树种。

我的花期从 6 月初一直到 9 月中，长达 3 个月。

当微风吹来之时，细碎的小黄花掉落一地，

仿佛下了一场“黄花雨”。

国外也称我为“金雨树（Golden Rain Tree）”。

我开花有先有后，而且边开花边结果，

因此在同一时间还能观赏到花果同树的景观。

我的嫩叶在民间俗称“木栾芽”，

后来被逐渐叫作“木兰芽”，可食用。

口味清淡鲜美、营养丰富，

是山区常见的美味野菜。

我的叶子和花含天然色素，都可作染料；

种子含油脂，可制成润滑油和肥皂。

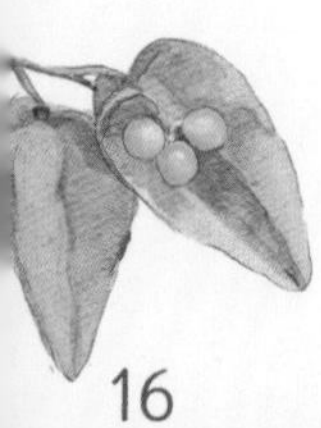

我们栾树家族全世界只有3种，由于花和果实的特征非常独特，因而辨识度很高，常让人过目不忘。它们在我国都有分布，最常见的是栾树和复羽叶栾树这两种，民间分别称之为“北栾”和“南栾”。

“北栾”和“南栾”的主要区别如下：

栾树主要分布在华北地区，叶多数为一回至二回羽状复叶，小叶边缘有不规则的粗锯齿；果实圆锥形，顶端逐渐尖锐。

复羽叶栾树生于南方各地，叶为二回羽状复叶，小叶边缘全缘或有内弯的小锯齿；果实为椭圆形或近球形，顶端钝或圆。

在我国台湾地区还有一种台湾栾树，它与另外两种最大的不同之处是花有5个花瓣。

实践

我国关于栾树的记载最早出现在先秦时期的《山海经》:“大荒之中,有云雨之山,有木名曰栾。禹攻云雨,有赤石焉生栾”。除了灯笼树,栾树还有摇钱树、木栾、栾华、大夫树、黑叶树、石栾树、五乌拉叶等别名。请你查阅了解一下,这些别名由何而来,反映了栾树的什么特点。

栾树的叶子、花和果实都很有特点,色彩艳丽、外形独特,试着用栾树的树叶、花朵和果实,发挥自己的想象力,制作一幅手工创意画吧!

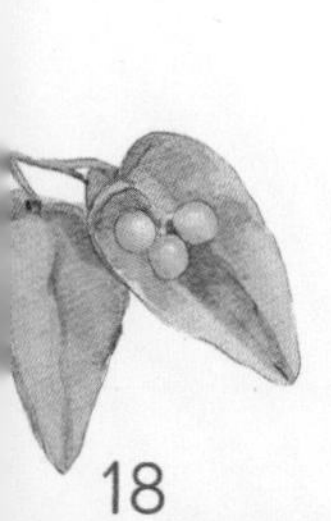

栾树发育良好的种子呈黑色，有光泽，圆圆的很坚硬，可以打孔做成手串佩戴，是天然美观的饰品。试着在秋季从栾树下收集一些成熟的种子，在专业人员的指导下做一个漂亮的栾树籽手串吧！

拓展

同一株栾树上的花分为雌花和雄花，但实际上雌花中有雄蕊，雄花中也有雌蕊，你知道为什么这样的花被称为单性花而不是两性花吗？另外，栾树花的 4 个花瓣排列在一侧，你知道这是怎么形成的吗？

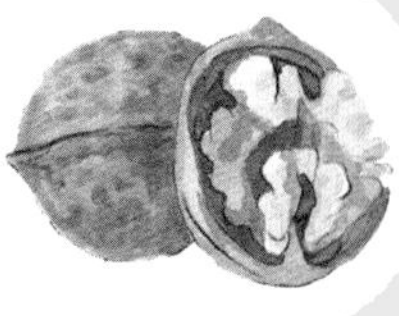

hú
胡
táo
桃

Juglans regia

胡桃科

白露日短秋意浓，胡桃已熟缀枝头。

白露

我的自画像

我叫胡桃，更多人叫我核桃，是一种落叶乔木，为著名的坚果和木本油料树种。

我的树皮灰白色，枝条很有特点，里面的髓心一片一片，被称为“片状髓”。

叶柄脱落后还会在枝条上留下像“猴子脸”形状的叶痕，非常可爱。

我的叶子为奇数羽状复叶，顶端一个小叶最大，每个叶子都很光滑、鲜亮。

我的花是单性花，雌雄同株。

雄花数量极多，形成长而下垂的“柔荑花序”，雌花 1 ～ 3 个聚集在枝条顶端。

每朵花的外面有 3 个大小不等的苞片，没有花瓣，只有萼片。

它们虽然结构有点简单，色彩也不亮丽，但却非常适应风媒传粉哦！

人们最常见的，就是我那个硬邦邦的球形果核，上面有浅的刻纹和两条纵棱。

其实，在果核外面还有一个绿色的肉质外套，这才是我完整的果实。

我浑身是宝，分布和用途广泛，是优良的园林绿化和特用经济树种！

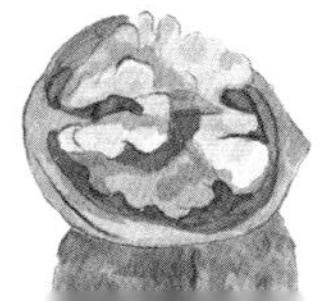

我的身体

树皮

枝条

叶（羽状复叶）

雄花序

雌花

果实（核果状坚果）

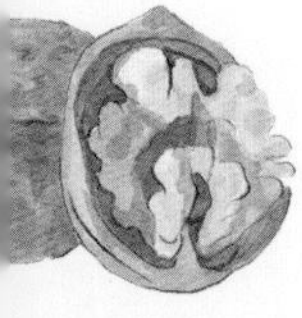

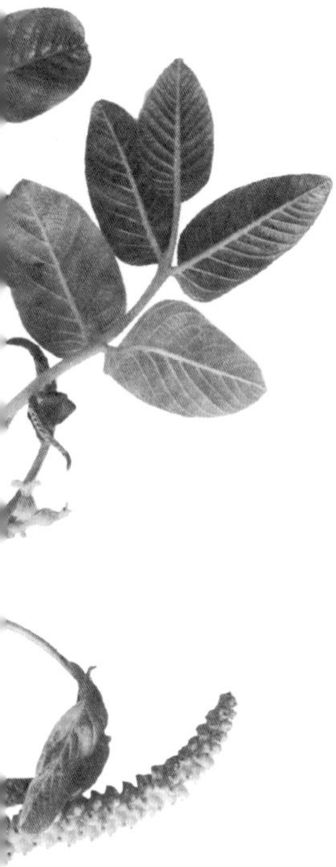

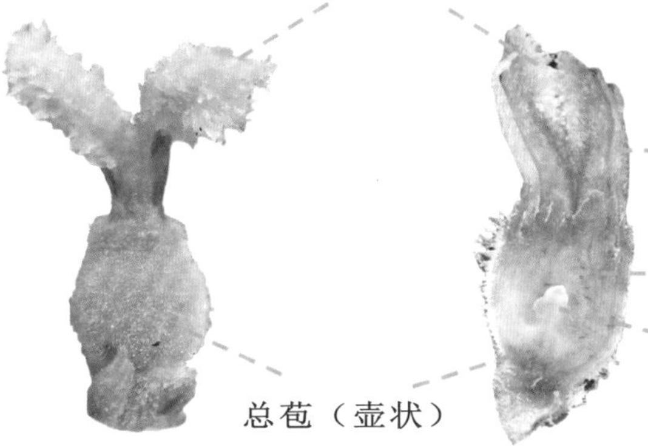

雌花的结构

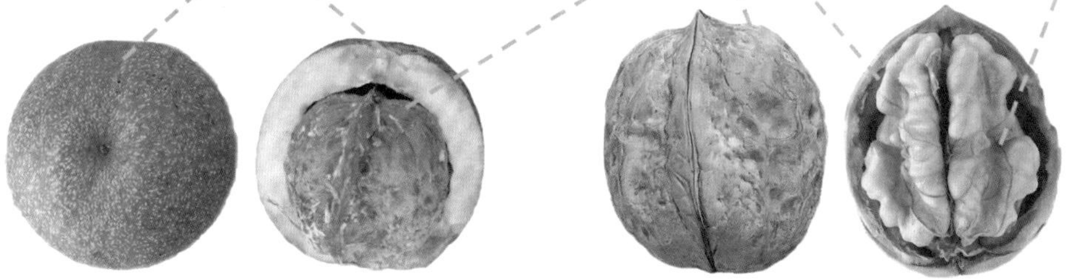

果实的结构

我的生长阶段

花期 4—5 月　　幼果期 6—8 月　　果实成熟期 9—10 月

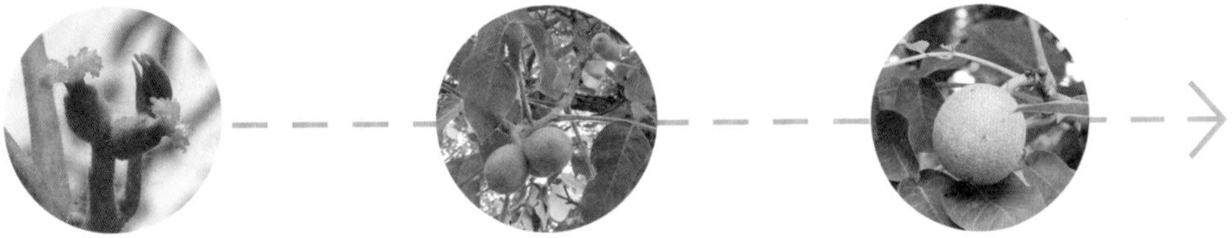

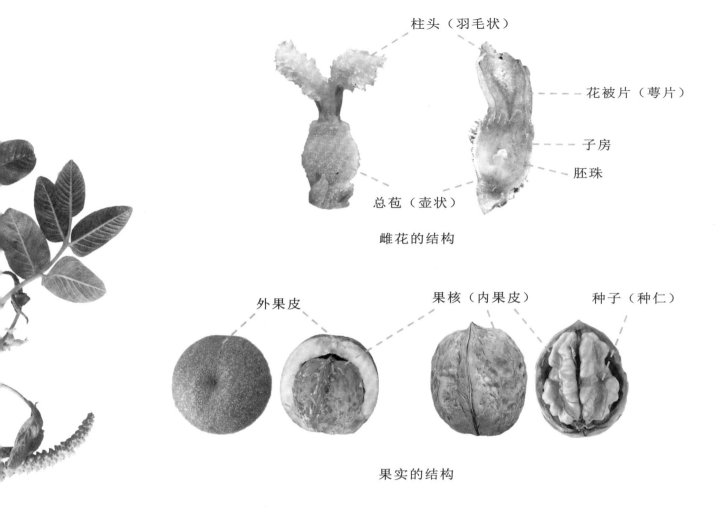

我的价值

我是重要的干果和油料树种，在我国各地被广泛栽培。我果实里的种仁含油量高，可生食，也常被制成糕点、糖果和饮料等各种风味食品，不仅味美，而且营养价值很高，被誉为“长寿果”。另外，我的树冠庞大、枝叶茂密、树干灰白洁净，也是优良的园林绿化树种。

叶底青丝乍委缫，枝头碧子渐含浆。
燕南山北家家种，不比齐东枣栗场。

——元末明初 · 刘崧《核桃树》

我的木材材质优良、坚实致密，
是车工机械、航空器材、家具
以及木器雕刻等优良的硬木材料。
我的果核坚硬、耐腐，
纹饰自然、古朴，
经过不同的工序手工制作后，
可以做成独特的核雕工艺品和文玩小把件，
具有很高的观赏和收藏价值。

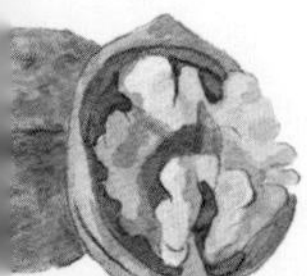

我的朋友圈

胡桃家族在国内常见的还有胡桃楸和野核桃，

它们都是我的野生近缘兄弟。

胡桃楸又名核桃楸，在北方的山区里很常见，

会形成大片的胡桃楸林。

我们的主要区别：

胡桃楸复叶的小叶数量比我多，而且边缘有细锯齿；

胡桃楸每个果序上果实的数量也比我多，有 5 ～ 11 个，

而且果实为卵形，顶端锐尖；

果核有 8 条纵棱，种仁很小，约是我的一半大。

野核桃主要分布在我国南方的山区，

它的叶子和果实特征也更接近胡桃楸，

有人甚至认为它们是同一种。

实践与拓展

实践

胡桃的名字听起来有几分异域色彩，关于它的由来有不同说法。很多人认为胡桃是 2000 多年前汉代的张骞出使西域带回来的，故而得名；但也有人根据其他研究，认为胡桃就是中华大地土生土长的果树。请你通过查阅资料，了解一下胡桃名字背后的故事，看看哪种观点更有道理！

胡桃是著名的木本油料树种。除了胡桃，植物果实或种子中含油量高的树种还有很多。这些植物油有的可以食用，有的有工业用途，还有的作为石油的替代品，被称作“生物柴油”，是名副其实的“绿色能源”。你知道还有哪些著名的油料树种吗？它们各自都有什么用途和特点？

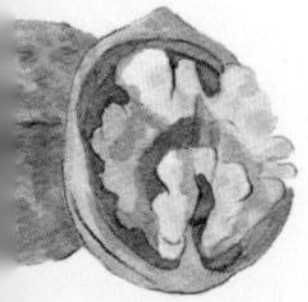

胡桃壳（内果皮）坚硬，有纹饰，除了可以制活性炭，在生活中还可以做成各种有趣的小物件。比如，用颜料在胡桃壳上作画，再用卡纸剪出想要的触角、尾巴等形状，固定在壳上，就可以变成瓢虫、乌龟等各种“小动物”。请你也试一试，利用胡桃壳来个创意手工吧！

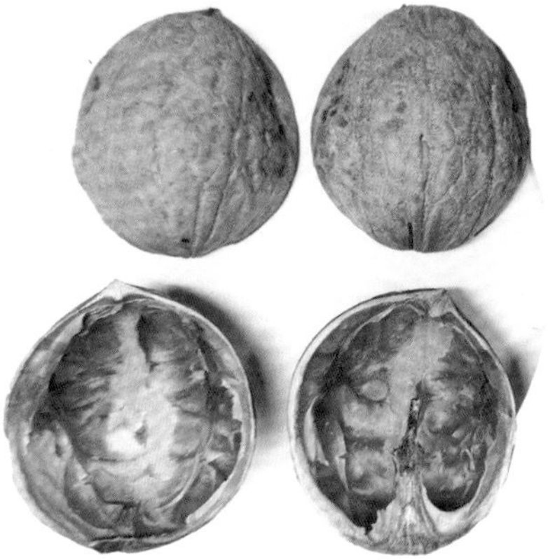

拓展

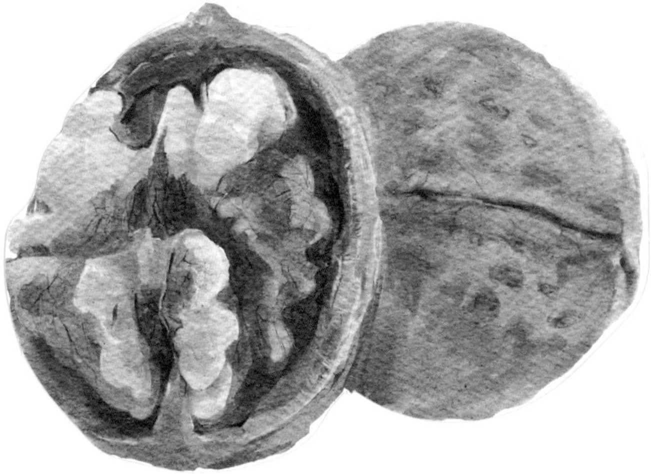

“植物化感作用”是指一些植物在生长发育过程中，通过释放自身的代谢物质改变周围的小环境，从而对同一生境中的其他植物间接产生有利或有害的影响。如果注意观察会发现：胡桃园旁边或胡桃树栽培多的地方往往看不到苹果、梨等果树，胡桃林下的杂草也很少。你知道这是什么原因吗？

shān 山 zhā 楂

Crataegus pinnatifida

蔷薇科

秋分红果挂满枝，未霜先摘犹酸涩。

我的自画像

我叫山楂，是一种灌木或小乔木。

我的树皮粗糙，枝条上面常常会有尖而硬的刺，

大家找我时一定要小心哦！

我的叶片表面有光泽，边缘裂得很深，

像是在枝条上长出了一片片的羽毛，

这是我的重要识别特征。

我在初夏开花，花朵是白色的，十分精致，

许多小花聚在一起形成一个个伞房花序，

盛开时满树繁花，洁白如雪，美丽壮观。

我的果实是红色的，上面有很多浅色的斑点。

金秋时节，鲜艳的果实挂在枝头，经久不落，

看起来很是诱人。

这些“红果”可以食用，

不过因为果肉中有机酸的含量高，

吃起来酸大于甜，因此我也被称作“酸楂”。

人们对我的利用非常久远，

最早仅是作为烧柴使用，

后来长期被当作野果，

如今则成了药、食两用的经济果树和优良的观赏绿化树种。

我的身体

树皮

枝刺

枝叶

花序

果实（梨果）

种子

花的结构

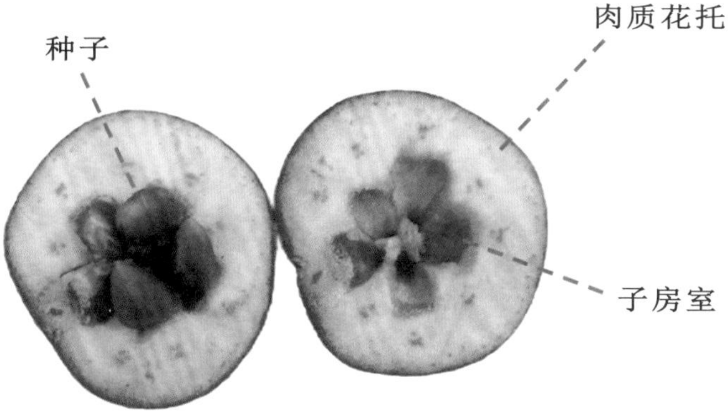

果实的结构

我的生长阶段

花期 5—6 月　　幼果期 7—8 月　　果实成熟期 9—10 月

我的价值

我的树冠整齐，叶茂花繁，

秋季硕果累累，经久不落，

鲜红可爱，颇为美观，

是观花、观果的优良园林绿化树种。

几时莲芡剥橐韬，梨栗新尝又一遭。

谁与秋盘饤春实，山楂红小腻樱桃。

——清·曾习经

《岁旱山楂实小推盘累累如樱桃》

我的成熟果实酸中带甜，风味独特，具有很高的营养和药用价值。除鲜食外，还可制成糖葫芦、山楂片、山楂糕、果丹皮、山楂果汁、山楂酒等。干制后入药，有健胃、消积化滞、舒气散瘀的功效。

我的朋友圈

山楂多数情况下是野生的，

人们更多见到的是我的变种——山里红。

山里红在北方被普遍栽培，

野生的山楂经常用来作嫁接山里红的砧木。

山里红经过栽培育种后，

枝刺变少，果实较大，直径可达 2.5厘米。

糖葫芦主要就是用山里红制作的。

我国北方还有两种以地名命名的山楂，

分别是甘肃山楂和辽宁山楂。

它们与我的主要区别是叶子边缘裂得很浅，

每个果实里有 2～ 3个种子，

而我则有 3～ 5个种子。

实践与拓展

实践

山楂作为一种带刺的树木，虽然很平常，在人类发展的进程上却有着非常辉煌的历史，也见证过历史上的一些重大事件。美国作家比尔·沃恩在《山楂树传奇》一书中介绍了山楂树对欧美历史的重要影响。通过查阅更多资料来了解一下山楂的前世今生吧！

我国有各种野生山楂20余种，大部分种类是以地点来命名的。除了上面介绍的甘肃山楂和辽宁山楂，查一查还有哪些？这些种类的山楂各有什么特点？

冰糖葫芦是深受中国人喜爱的传统小吃，山楂和山里红是制作冰糖葫芦的主要原料。请你了解一下做法，试着动手做几串酸酸甜甜的冰糖葫芦吧！

拓展

山楂的果实可以食用，它的结构和苹果、梨、枇杷等果实类似，是一类特殊的果实，被称作“梨果”。你知道这些梨果的食用部位是哪一部分？是由什么结构发育而来的吗？

dù

杜

zhòng

仲

Eucommia ulmoides

杜仲科

昼短夜长寒露至，杜仲叶果渐转黄。

寒露

我的自画像

我叫杜仲，是一种落叶乔木，为中国特有的珍稀树种。

现在整个家族只有我一个，因此被称为“植物界的孤儿”。

而且，在我身体的各部位都含有一种白色的胶丝，这在植物界也是独一无二的。

我的树皮粗糙，枝条光滑，最里面软软的部分叫“髓心”，是一片一片排列的。

我的花先于叶开放，看起来很不起眼，但却很有特点。

雄花和雌花生长在不同的树上，它们既没有萼片，也没有花瓣，被称作“无被花”。

秋天结果的时候，一串串果实挂在枝条的基部。

果实是扁平的，周围绕着一圈薄薄的“翅膀”，所以叫“翅果”，

它可以帮助我的种子传播得更远。

虽然我看起来很平凡，但我浑身是宝，是著名的经济树种！了解我越多，你会越喜欢我！

我的身体

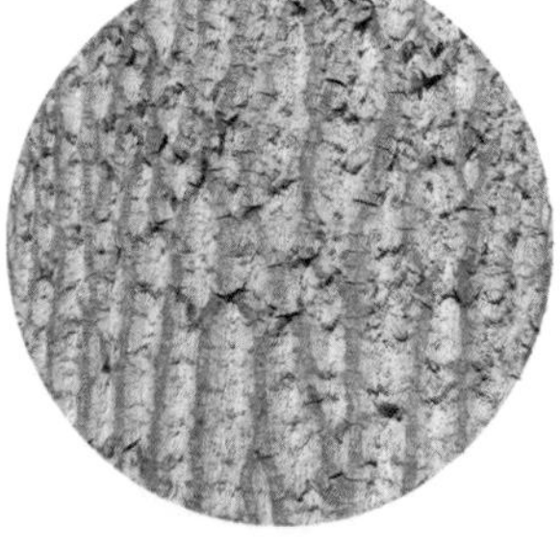
树皮

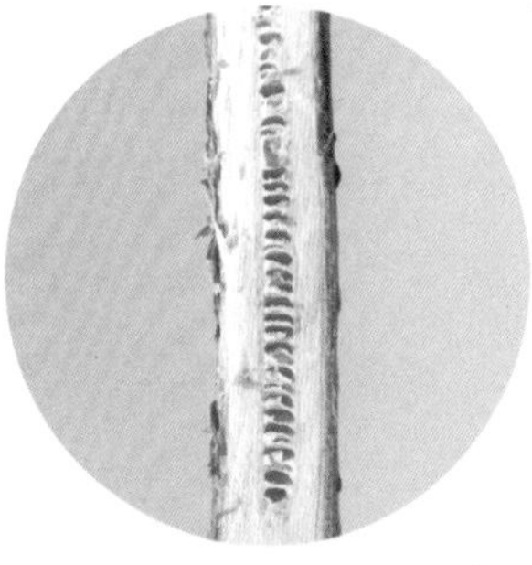
枝条片状髓心

叶

雄花

雌花

果实（翅果，种子位于中央）

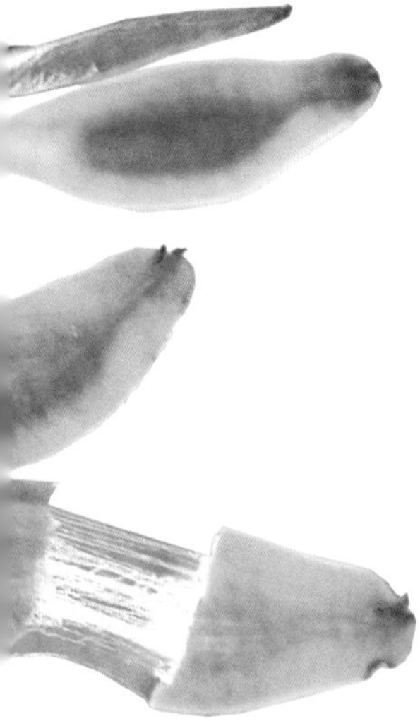

雄花（多个簇生在一起）的结构

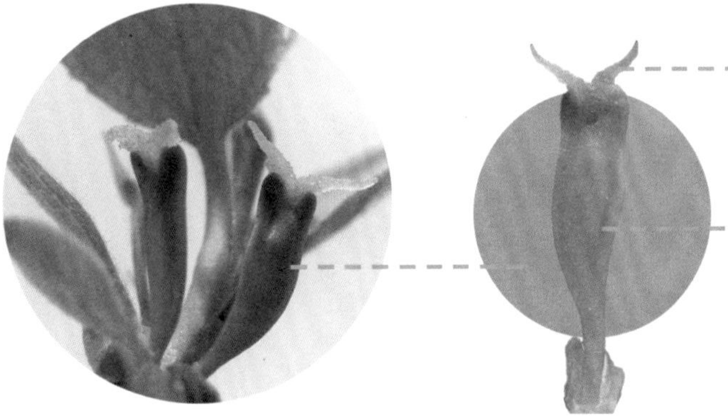

雌花的结构

我的生长阶段

花期 3—4 月

营养生长期 4—10 月

果实成熟期 9—10 月

我的价值

我的树形整齐优美，枝繁叶茂，
树荫浓密，是优良的庭荫树和行道树。
由于生长快、适应性强，
我在南北各地都被广泛栽培。

我的树皮为传统的名贵中药材，
芽和嫩叶还可以做成杜仲茶，有很好的保健功能。
另外，我的木材可供建筑及制家具；
种子含油量高，可以榨油。

我身体的各部位均含有丰富的白色胶状物，称为杜仲胶。
杜仲胶有独特的结构与性能，绝缘性能好，
而且耐酸、耐碱及耐海水侵蚀，
可广泛应用于橡胶工业、航空、航天、船舶、
化工、医疗、体育用品制造等领域。

根据化石研究，
在远古时代，我的家族曾广泛分布于北半球。
后来由于地球环境的变化，
生活在其他地方的种类都灭绝了，
只有我在中国中部和南部的一些山区存活下来，
成为杜仲科家族目前仅有的成员，
没有其他亲戚和兄弟姐妹。

我的果实是长椭圆形的翅果，
在形态上与一种常见的树木比较类似。
这种树木叫臭椿，
它的果实周围也具有薄翅，
很多翅果聚集在一起。
臭椿的叶子是复叶，
基部有圆形的腺体，
叶子揉碎后有臭味，
可以很容易和杜仲区别开。

实践与拓展

实践

根据汉代《神农本草经》的记载，我国对杜仲的认识和利用至少已有2000多年的历史。杜仲的名字古香古色，但它的由来有不同说法。杜仲在古代也有一些其他别名，如思仲、木棉等。请你去查一查，了解一下杜仲名字背后的故事吧！

杜仲胶是一种独一无二的天然橡胶，具有“橡胶－塑料二重性”的特点。你知道杜仲树的橡胶与橡胶树的橡胶有哪些相同和不同之处吗？

如果慢慢拉开我身体的任意部位，会发现能拉出许多粘连的白色细丝。从地上捡一片干枯的杜仲叶片，先轻轻将其揉碎，再对着它用力吹口气，叶子的形状就能复原，非常神奇，想一想为什么能这样，你也来试一试吧！

拓展

杜仲的树皮有重要的药用价值，采剥杜仲树皮时，常用“环剥”或“半环剥”的方式，即用刀环绕树干切两刀，将两刀口之间的树皮剥去。在农业上，有些果树的老树也经常进行环剥，这些树的树干剥去一部分树皮后不会死亡，有的反而还可以促进花、果生长。你知道为什么吗？

yín
银
xìng
杏

Ginkgo biloba

银杏科

秋深霜降天渐凉，满地银杏叶翻黄。

霜降

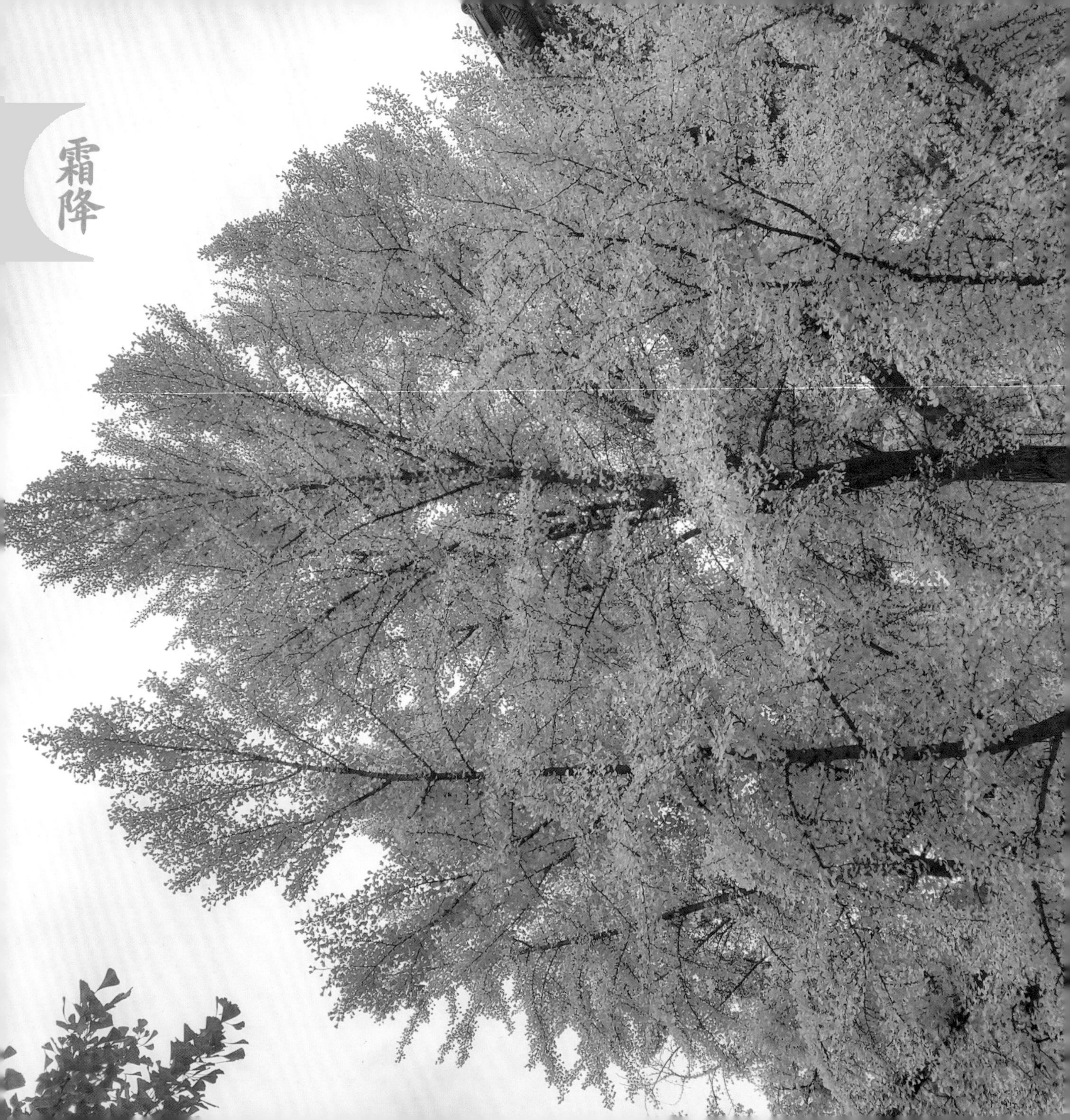

我的自画像

我叫银杏，是一种高大的落叶乔木，为中国特有的珍稀树种。

我的祖先非常古老，曾经是亿万年前侏罗纪时期恐龙的亲密伙伴，人们也把我称作“活化石”。

现在我的家族只有我一个，在形态上也非常独特。

我生有世界上独一无二的像扇子一样的叶子，人们都会被我的叶子深深吸引，都会由此喜欢我。

我的树干挺拔，枝条上有很多像钉子一样的结构，叫作“短枝”。叶子通常簇生在短枝上。

我是裸子植物，雌雄异株，雌树生有像“杏”一样的种子，

外面被有白粉，这便是我名字“银杏”的由来。

我还有很多别名：白果树、公孙树、鸭掌树……

深秋是我最光彩夺目的季节，我的种子会成熟，叶子也变成金黄色，

能形成“银杏大道”这种绝美的景观。每年这个时候千万不要忘了跟我拍照噢！

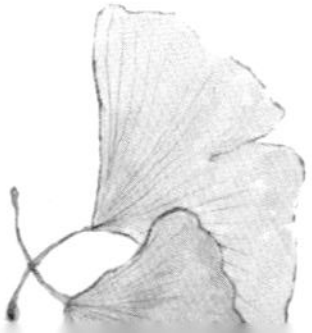

我的身体

树皮

枝条（长枝和短枝）

叶

雄球花

雌球花

成熟种子

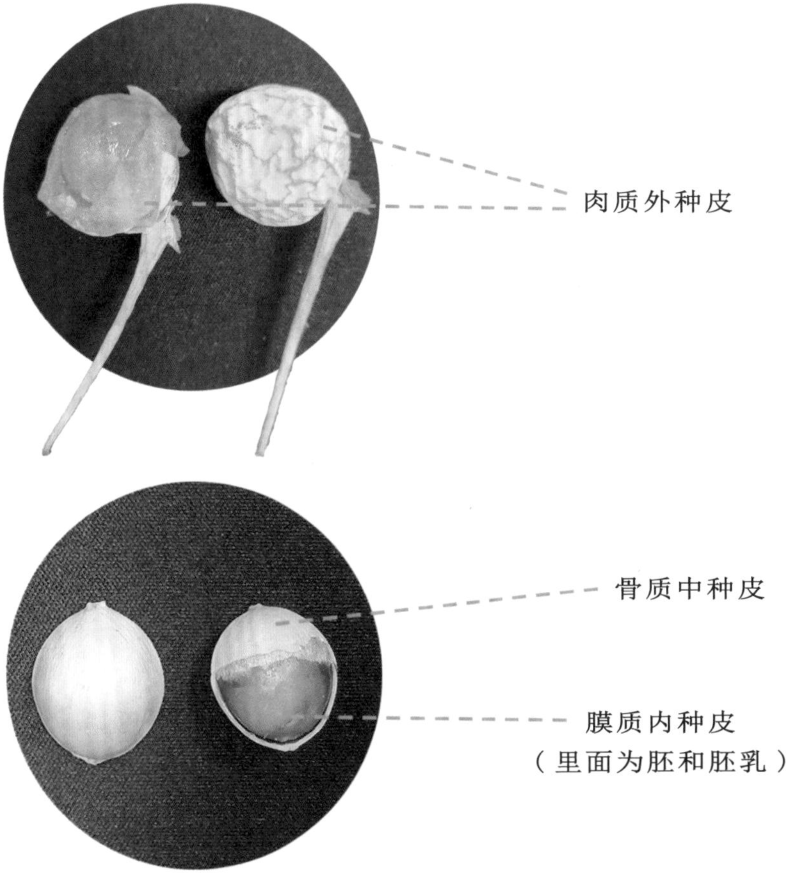

种子的结构

我的生长阶段

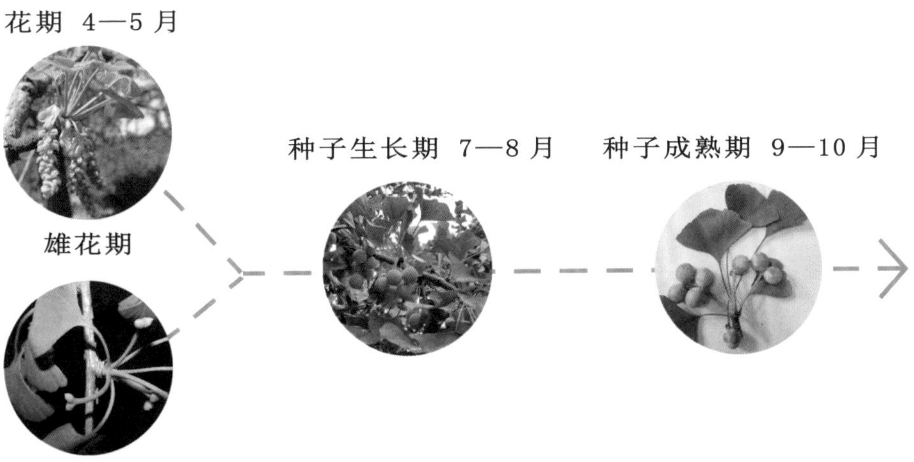

我的价值

我的叶形奇特，春叶嫩绿，秋叶金黄，具有极高的观赏价值，

不仅是中国各地常见的行道树和观赏树种，

而且还被栽培到世界许多国家和地区。

我还是著名的长寿树，能活到几百年甚至千年以上，

在一些名胜古迹里经常能见到我的古树。

等闲日月任西东，不管霜风著鬓蓬。

满地翻黄银杏叶，忽惊天地告成功。

——宋·葛绍体《晨兴书所见》

人们还从我的叶片中提取出了很多种黄酮类和内酯类化学成分，制成了各种药品用于医疗和保健。

我的种子有 3 层种皮，最外面是肉质的种皮，

在成熟后会产生不太好闻的味道；

中间坚硬的种皮为白色，通常被称作“白果”。

白果里面有很薄的内种皮和营养丰富的种仁，

味道香甜，是中国人餐桌上的一道美味佳肴。

温馨提示：白果虽好吃，但请别过量，

吃多了可是会中毒的！

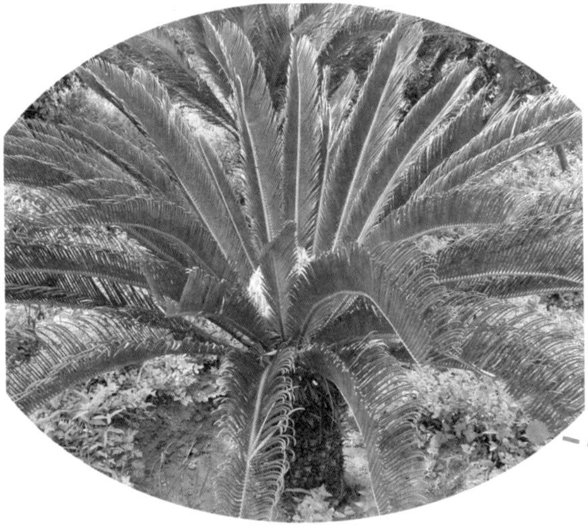

我是著名的“孑遗树种”，2 亿年前，
我的祖先就已出现在地球上的很多地方。
在侏罗纪和白垩纪的远古时代，
我的家族种类很多，分布很广，
但后来逐渐衰落，只有我在中国存活下来，
到现在孑然一身，没有兄弟姐妹。
现在地球上跟我亲缘关系最近的
也是一类非常古老的树木，
叫作苏铁，也就是人们常说的“铁树”。

我的名字虽然叫银杏，
但实际上和杏并没有关系，大家不要混淆。
我是裸子植物，只有种子，没有果实，
只不过黄色肉质的外种皮特别像杏的果实。
杏是被子植物，
它黄色肉质的杏肉和坚硬的杏核都是果皮，
里面的杏仁才是种子。

实践与拓展

实践

银杏栽植广泛，在各地有很多别名，你能说出几个？你知道这些名字分别代表了银杏的什么特点吗？

叶脉在叶片上的排列方式称为脉序。植物常见的脉序类型包括叉状脉、羽状脉、掌状脉和平行脉。仔细观察一下银杏叶片的叶脉，你能看出它的脉序是属于哪一种吗？这样的脉序有什么特点？

银杏叶形奇特，开动一下你的脑筋，用银杏叶创作一些绘画或手工作品吧！

拓展

银杏的叶片为扇形，不开裂或仅在中间裂成两片。但在银杏树干的基部，有时会从萌生的枝条上长出很开裂的叶子，甚至裂成一条一条。这是怎么回事？通过查阅资料，了解银杏的前世今生，来尝试解释这种现象吧。

yuán bǎo fēng

元宝枫

Acer truncatum

无患子科

立冬雪景尚未至，元宝枫叶红似火。

立冬

我的自画像

我叫元宝枫，也叫元宝槭，是一种落叶乔木，为最常见的枫树之一。

我的叶子有长长的叶柄，在枝上对着生长。叶片掌状，有 5 个裂片，

因为叶片基部通常是平截的，因而我还有个名字叫平基槭。

我的花黄色，小而密集，形成很多个伞房花序。盛花期满树金光，亮丽醒目。

花有雄花和两性花两种，这样的花叫“杂性花”。

每朵花有一个圆形的肉质花盘，边缘着生有 8 枚雄蕊。

两性花雌蕊的柱头像蝴蝶的 2 个触角，甚是可爱。

子房宽扁像 2 个翅膀，最后发育成了我们槭树家族独一无二的果实——双翅果。

我的果实由 2 枚组成，长在一起如同彼此向外张开的翅膀，形状奇特，

酷似古代的“元宝”，叫我元宝枫，真是很贴切呢！

我的分布很广，各地都有我的身影。入秋后叶红似火，是著名的秋色叶树种。

我的身体

树皮

枝芽

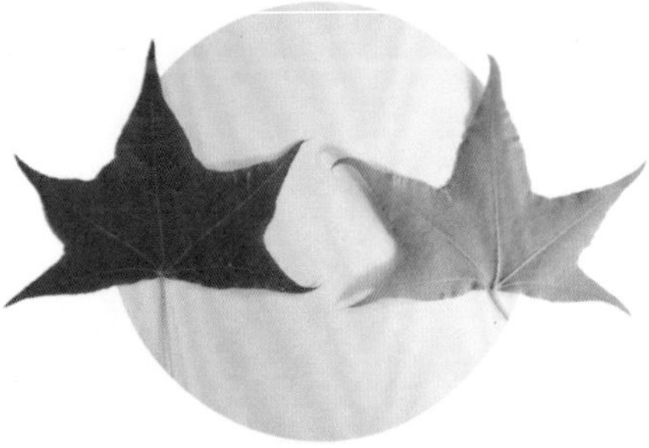

叶

花

双翅果

果实成熟分离为 2 个翅果

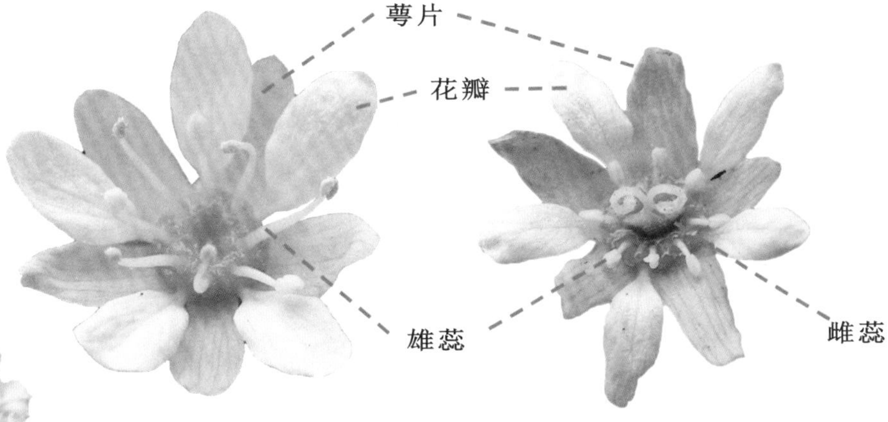

雄花的结构　　两性花的结构

雄蕊着生在花盘内侧边缘上

花盘

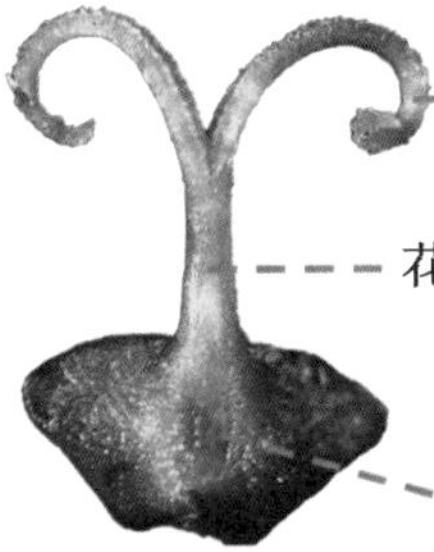
柱头
花柱
子房

雌蕊的结构

我的生长阶段

花期　4 月　　幼果期　5—8 月　　果实成熟期　9—10 月

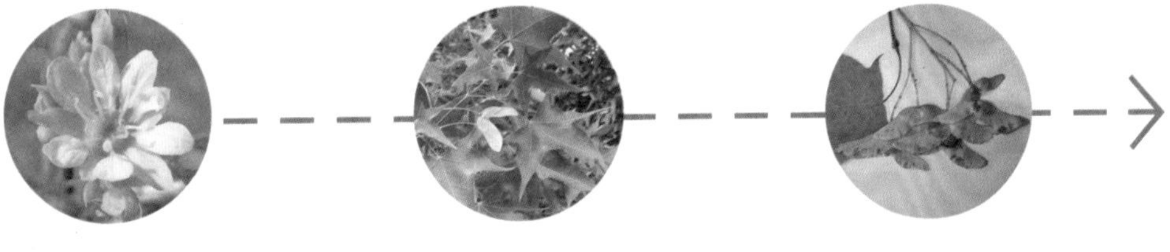

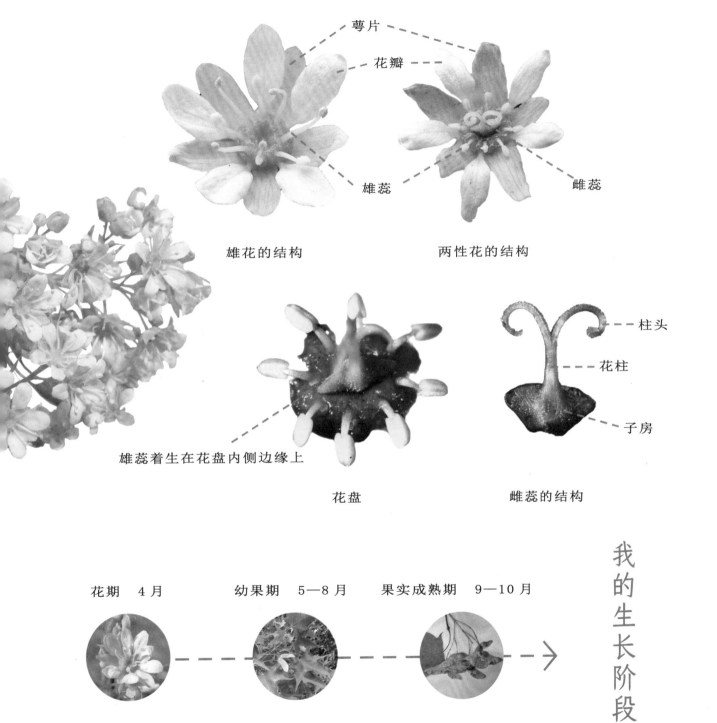

我的价值

我的树体高大，树冠浓荫，枝繁叶茂；春季先于叶开花，黄花满树。深秋时节叶片逐渐由绿变黄再至大红，色彩极其艳丽，是园林景观中极受欢迎的彩叶树种。著名的北京香山，漫山红遍的秋叶，其中也有掺杂着无数元宝枫的红色。

枫叶微红近有霜，碧云秋色满吴乡。

——唐·韩偓《秋郊闲望有感》节选

同时，我的果形奇特，随着叶色变化，果实也由绿色渐成黄色，在阳光下熠熠闪烁，犹如满树悬挂着千万个“金元宝”，深受人们喜爱。

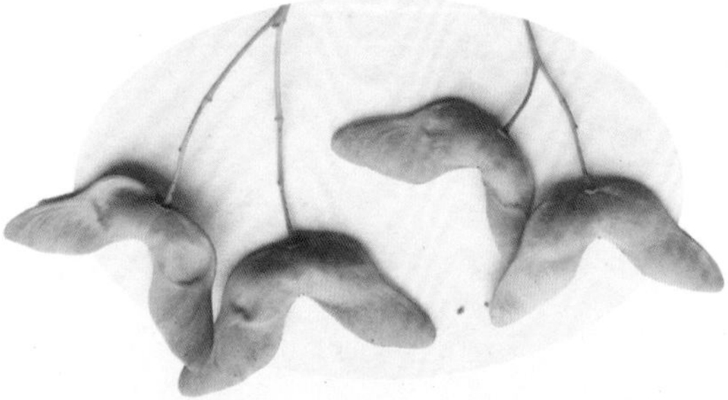

我的朋友圈

我是槭树家族的成员，

槭树也常被称为枫树，

外形和我相似的叶子则称作枫叶。

但有一些著名的观赏树种，

如枫香和枫杨，

由于名字也带有“枫”，人们有时会把我们混淆。

实际上它们和我并不是一类，

形态特征区别也很大。

枫香是蕈（xùn）树科的高大乔木，

主要分布在南方地区。

由于叶形像枫叶，

树干含树脂有香味，故此得名。

但枫香的叶子是互生的，果序为球形。

枫杨是胡桃科的高大乔木，

也主要分布在南方地区。

由于每个果实也有 2 个翅，

形似枫树的双翅果，而花序又像杨树，故此得名。

但枫杨的叶子为互生的羽状复叶，果序长而下垂。

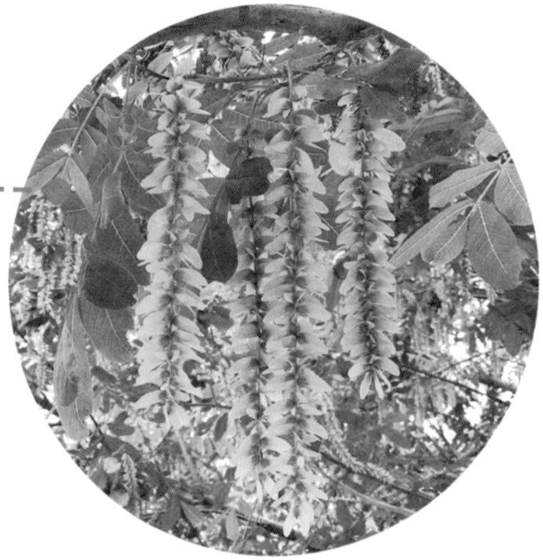

实践与拓展

实践

人们都很喜欢枫叶，目前城市中用作绿化和观赏的枫树很多，常见的有鸡爪槭、茶条槭、复叶槭等。请你在身边的社区、校园、公园等地方留意观察一下，看看能找到多少种枫叶，给它们拍照并画出来，做一个枫叶拼图吧！

元宝枫像手掌一样的叶片在深秋时节会变成黄色和红色，大家可以把我飘落的红叶做成书签，夹在书本里，将秋天最美的枫叶保存下来！

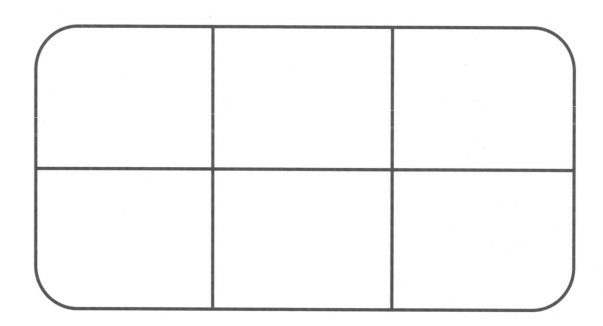

元宝枫和枫杨的果实都有 2 个果翅，外形相似，但二者果翅的来源却完全不同。请你通过查阅资料（有条件可直接观察），更多地了解一下这两种翅果各自的特点和功能吧！

拓展

所有的槭树都生有像元宝枫一样的双翅果。果实成熟后，会从中间分离成 2 个独立的翅果，每个翅果有一个种子和一个果翅，像长了翅膀的小飞艇。种子很轻，位于基部，包在薄薄的果肉里面，像豆荚一样。你知道这样奇特的果实结构有什么作用吗？

huáng 黄 lú 栌

Cotinus coggygria

漆树科

春夏烟笼粉黛色，霜后时节圆叶红。

小雪

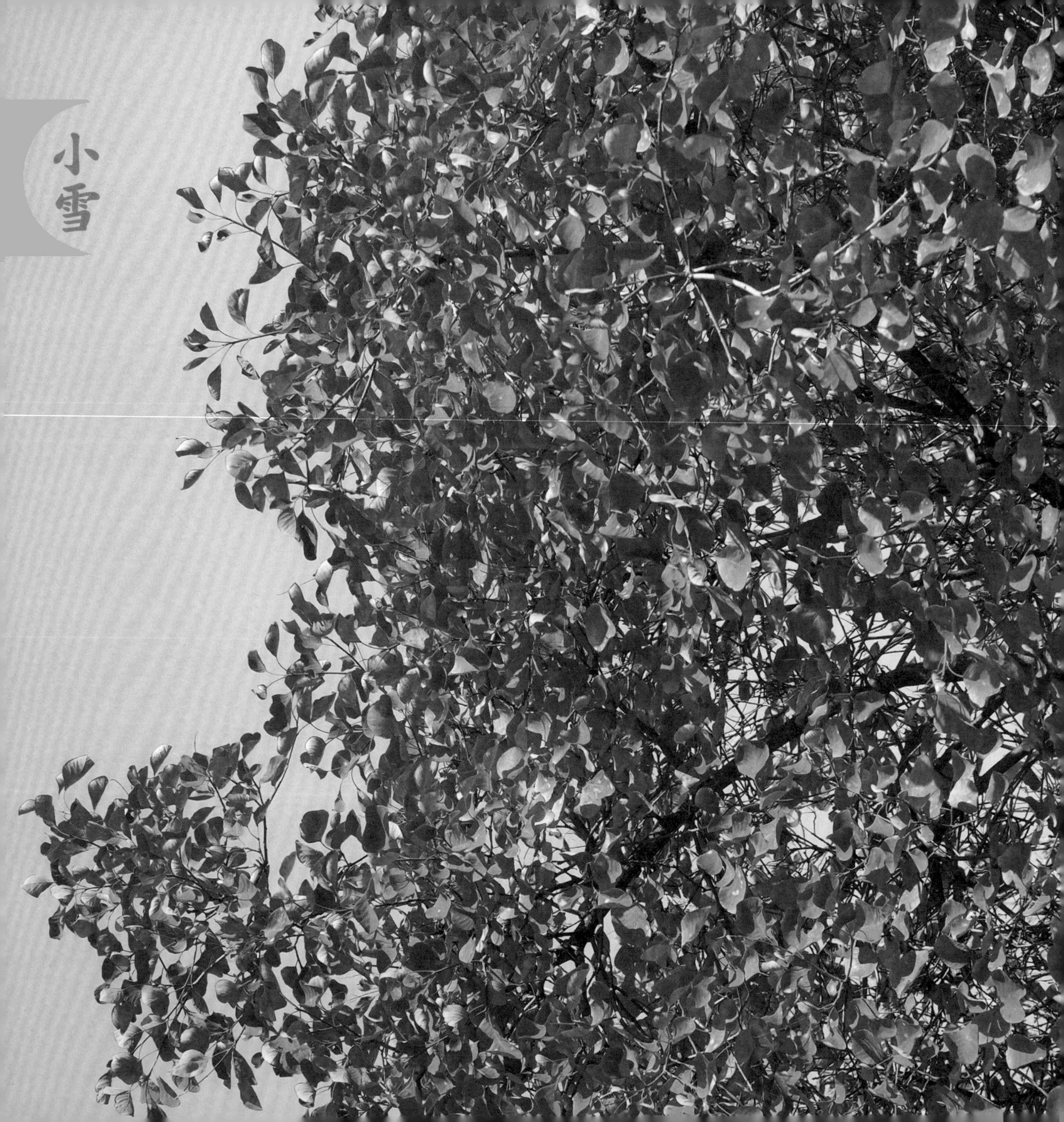

我的自画像

我叫黄栌，是一种落叶灌木或小乔木，为著名的红叶观赏树种。

我的叶子很有特色，呈圆形、卵圆形或倒卵形，边缘光滑，圆润秀丽。

我的花为黄绿色，碎小而密集，四五月开花时犹如满树繁星闪烁。

花多为单性，雌雄异株，各自形成很多个圆锥花序。

我的花有可育花和不育花两种，可育花会开花结果，而不育花不久便枯萎凋零。

最为奇特的是，不育花的花梗会伸长，并且布满色彩艳丽的柔毛，久留不落。

远远望去，枝头仿佛笼罩着一团团紫红色的烟雾。由此我又有了一个非常独特的名字“烟树”！

我的果实虽小，但形状奇特，两边歪斜，其中一边还有凹陷，甚是有趣可爱。

我的适应性很强，为喜光树种，分布很广，各地都有我的身影。

深秋冬初之时，叶片经霜变红，艳丽夺目，著名的北京“香山红叶”便是我哦！

我的身体

树皮

枝条

叶

花序

幼果
（不育花花梗伸长，生有柔毛）

成熟果实（核果）

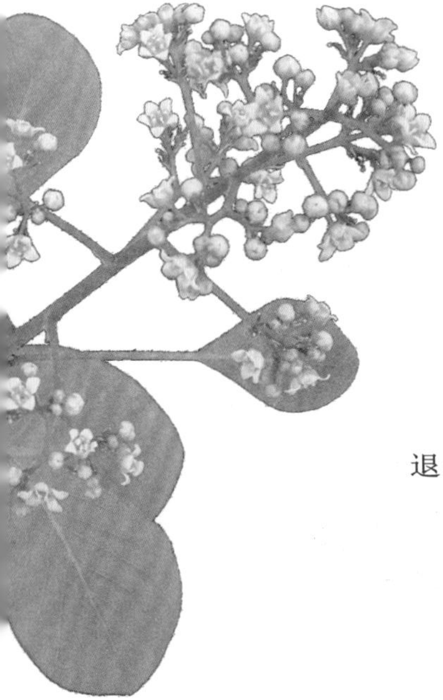

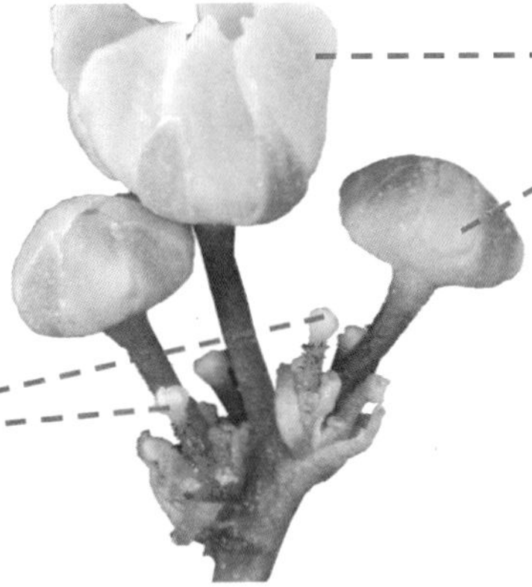

花序的结构

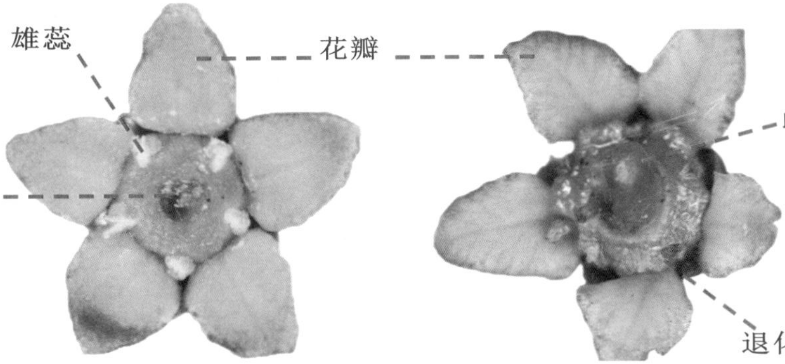

雄花的结构

雌花的结构

我的生长阶段

花期 4—5 月

幼果期 5—6 月

果实成熟期 6—7 月

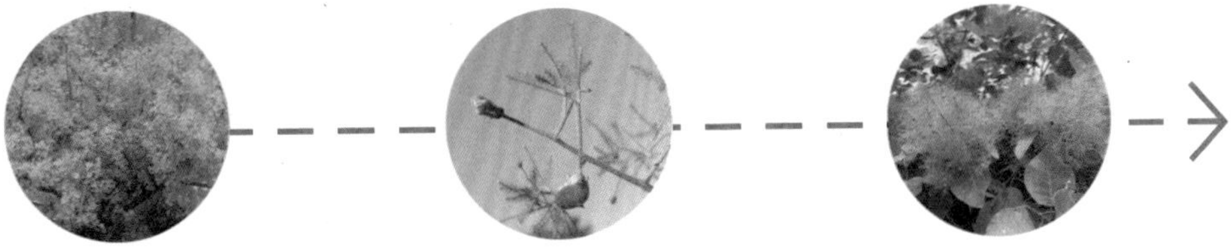

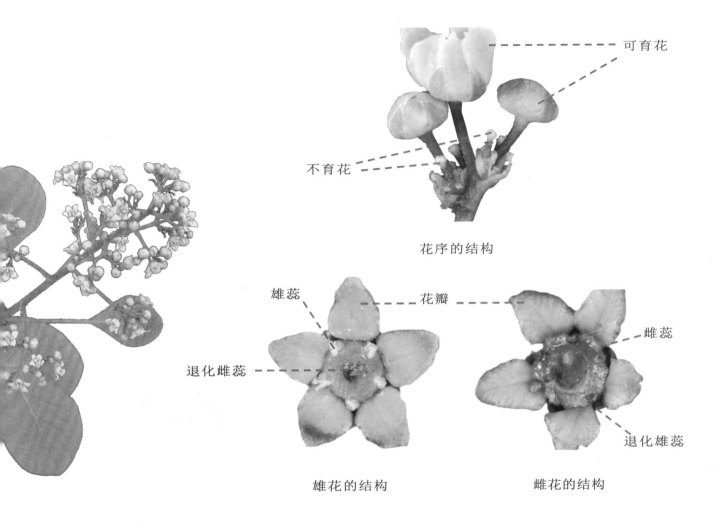

我的价值

我的用途广泛，最著名的是园林观赏，因为花和叶片的特殊性，有“夏赏紫烟，秋观红叶”之称。加上我耐干旱和耐土壤瘠薄的特性，更成为营建水土保持林和生态景观林的首选树种。

我的树姿婀娜，树冠球形，细长的羽毛状花梗在枝头形成如烟似雾的景观，近看宛如缕缕轻纱，远观又似团团云烟，甚是美丽。

到了深秋，叶片就会从翠绿色变为橙黄色，直至深红色，

而且是天气越冷越红，整个山头层林尽染。

北京著名的“香山红叶”

主要指的是黄栌的变种——灰毛黄栌的叶片。

露染霜干片片轻，斜阳照处转烘明。

和烟飘落九秋色，随浪泛将千里情。

——唐·吴融《红叶》节选

我的朋友圈

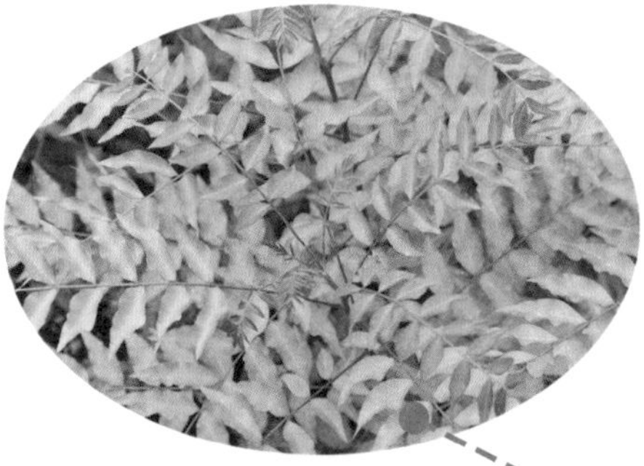

我是漆树科家族的成员。

漆树科植物种类很多，

在常见的树种中，

和我关系比较密切的是黄连木和火炬树，

它们也都是著名的园林绿化和红叶观赏树种。

黄连木为落叶乔木，在某些地方也叫楷（jiē）木。

它的叶为羽状复叶，早春嫩叶红色，

入秋后又变成橙黄色或深红色，

另外，红色的雌花序也非常美观。

火炬树为落叶灌木，原产于北美洲，

国内引种后被广泛栽培。

火炬树因其果序红色且形似火炬而得名。

它也是羽状复叶，秋季叶色红艳，颇为美观。

实践与拓展

实践

霜叶红于二月花。除了黄栌，还有其他一些树种在秋天叶片也会变红。请你留意观察一下身边的社区、校园、公园等地方，看看能找到多少种红叶，给它们拍照并画出来，做一个红叶拼图吧！

据《本草纲目拾遗》记载：“黄栌，叶圆木黄，可染黄色”，这便是黄栌名称中“黄”的由来。黄栌作为染料，在我国历史上曾享有很高的地位。从隋朝直至明朝，黄栌木材中提取的赭黄色一直被定为尊贵颜色。作为不同颜色染料的树木还有很多，请你查阅资料了解一下还有哪些著名的染料植物。

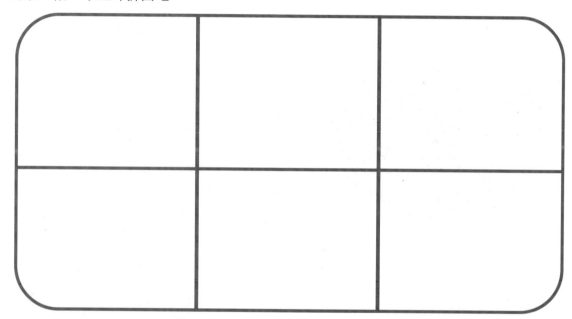

黄栌的叶片圆润可爱，经霜变红后艳丽夺目，可以摘几片下来夹在书中作为书签，请你也试一试！

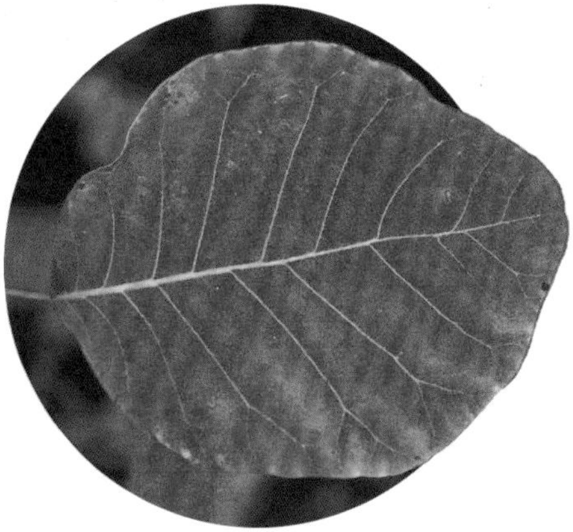

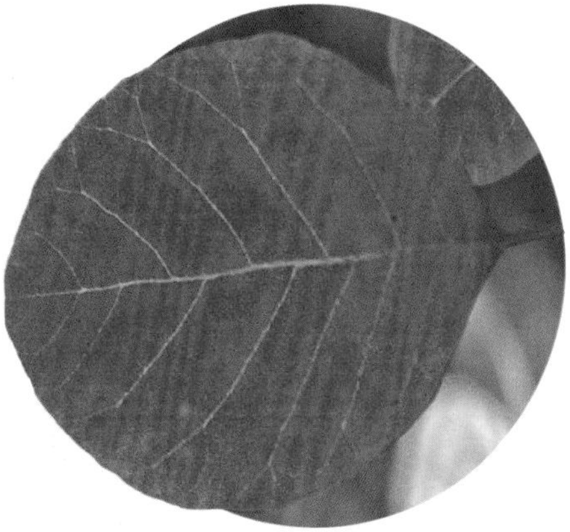

拓展

每到秋季，多数落叶树木的叶片会由绿色变为黄色、橙黄色、红色等鲜艳的色彩，演绎秋的斑斓。黄栌、火炬树等植物的叶片会随着气温的逐渐降低而由黄变红，并且温度越低颜色越红。你知道这些叶子变色的原因吗？为什么叶子有的变黄，有的变红？

xuě sōng

雪松

Cedrus deodara

松科

大雪压青松，青松挺且直。

大雪

我的自画像

我叫雪松，是松科家族的一员，

一种常绿大乔木，四季常青。

我的树冠像一座塔，大枝轮生，平展，小枝下垂。

整个树形宛如一把巨大的绿伞，繁茂而雄伟。

我的叶子像针一样，叫作“针形叶”，三棱形，很坚硬。

我的枝条有长枝和短枝两种，叶子在长枝上分散生长，

在短枝上则是很多个叶子簇生在一起。

我是裸子植物，没有果实，

但会结出很多球果，常被人们称为“松塔”或“松果”。

我的球果直立，很大，成熟前带白色，

犹如一个个大的鹅蛋排排坐在枝干上，非常醒目。

我的种子三角形，有宽大的种翅，

着生种子的木质鳞片叫“种鳞”。

球果成熟后，所有种鳞张开，连同带翅的种子一起飘落，

只留下中间的轴，立在枝条上，这也是我非常独特的地方。

我是世界著名的观赏树种，

有“风景树皇后”的美称。

我的身体

树皮

枝叶（长枝和短枝）

雄球花

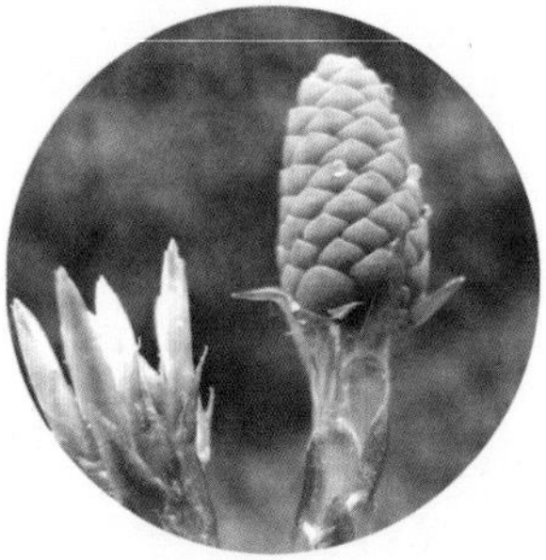

雌球花

成熟球果

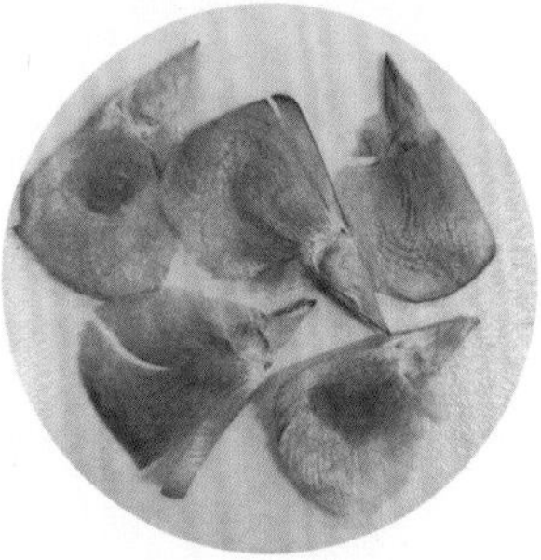

种子

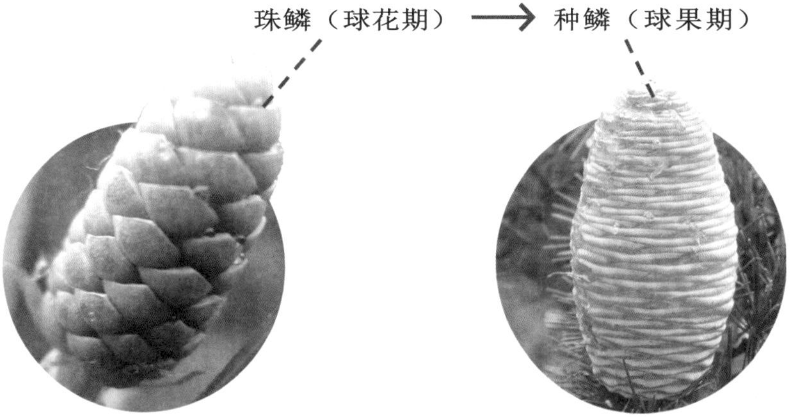

雌球花的结构

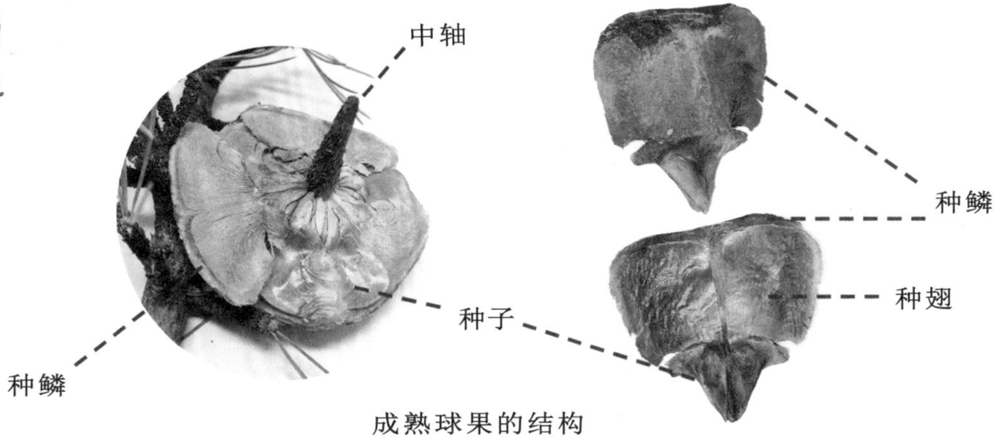

成熟球果的结构

我的生长阶段

球花期 10—11 月　球果发育期 次年 1—8 月　球果成熟期 次年 9—10 月

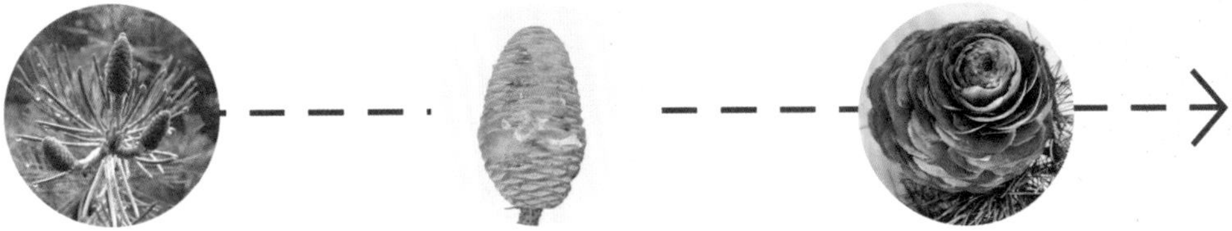

我的价值

我的树体高大，树冠雄伟，树形优美，
终年常绿，显得秀丽、刚劲、
庄严、肃穆，尤其在雪后，
洁白与翠绿交相辉映，更显壮美。
作为最负盛名的观赏树种之一，
雪松在我国很多地方被广泛栽培。
并且，由于侧枝有层次地向四周平展生长，
松针短小紧凑，美丽苍翠，
遒劲矫健，还很适合制作盆景。

大雪压青松，青松挺且直。
要知松高洁，待到雪化时。
——现代·陈毅《青松》

作为园林绿化树种，
我的针叶能吸附、阻滞尘埃，
隔离噪音，净化空气。
但我对空气中的有害气体，
如二氧化硫、氟化氢等，反应敏感，
因而我还可以作为环境监测指示植物。
我的材质轻软，含有树脂，具有独特的香味，
不仅是一种重要的建筑用材，还可以提炼出精油。

我的朋友圈

我是松科家族的成员，

松科是裸子植物中最大的家族，种类很多。

其中，在枝叶特征上和我比较相似的是落叶松属的树种。

我们二者的枝条都有明显的长枝和短枝之分，

叶子在长枝上散生，在短枝上簇生生长。

我们二者的区别在于雪松的叶子针形且坚硬，冬季常绿；

落叶松的叶子则是条形且柔软，冬季落叶。

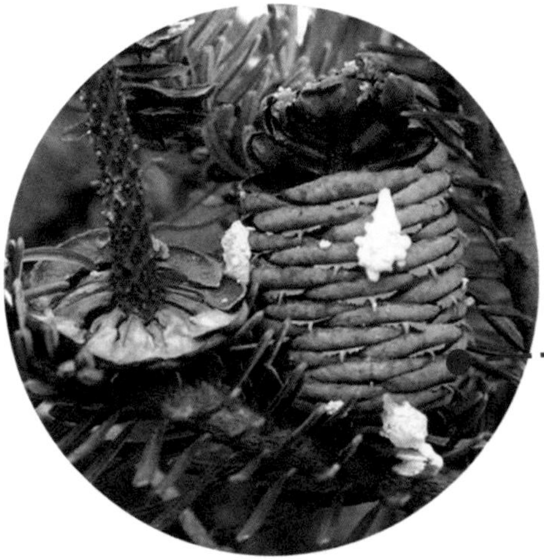

雪松的树冠呈尖塔形，

球果成熟后种鳞和种子同时脱落，

只剩下中轴，

在这些特征上冷杉属的树种和我很相似。

但冷杉只有长枝，没有短枝，叶子散生，

这又与我有很大的不同。

实践与拓展

实践

在我们身边，常见的松树还有油松、白皮松和华山松等，它们与雪松既有相似的地方，也有很多不同之处。请你找到它们，通过观察，比较一下各自的特征吧！

	雪松	油松	白皮松	华山松
树皮颜色和开裂方式				
叶子形状和排列方式				
球果和种子形状				

雪松在我国栽培范围很广，还是一些城市的市树，你知道都有哪些城市吗？雪松在全世界共有 4 种，有一个国家的国旗图案就是以这个国家名字命名的雪松。你知道是哪个国家吗？查阅了解一下吧！

每到冬季或春季，如果你到雪松树下，会在地上发现好多像“毛毛虫”的东西，这是它的雄球花。如果运气好，还会捡到带有香味的木质“玫瑰花”，实际上这是雪松球果解体后掉落的一部分，很是奇特。有机会去开启你的寻宝之旅吧！

拓展

雪松的雄球花和雌球花是分开生长的，书上经常把它们描述为“雌雄同株”。但通过观察你会发现，有些雪松开了很多雄球花，却连一个球果也没有；有些雪松看不到一个雄球花，却能结出很多大球果。你知道这是什么原因吗？

yī qiú xuán líng mù
一球悬铃木

Platanus occidentalis

悬铃木科

冬至叶尽落，“悬铃”满枝梢。

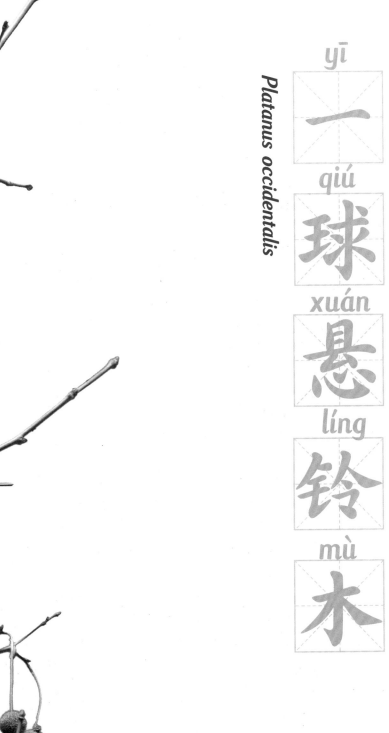

冬至

我的自画像

我叫一球悬铃木，是一种落叶大乔木，原产于北美洲，现在被广泛引种栽培。

我的体形高大，可以长到 40 米高。上部树皮片状脱落，露出白色的内皮，就像穿着迷彩衣。

我的叶子很宽大，掌状 3 ～ 5 浅裂。因形状像梧桐树的叶子，也常被称为“美国梧桐”。

我的枝条粗壮，叶柄着生的地方都有一个环状的痕迹，

是托叶脱落时留下的，被称作“托叶痕”。

我的花很小，单性，雌雄同株。

很多雄性和雌性小花各自聚集在一起形成球形的头状花序，很是奇特。

我的果实也是球形，像一个个“铃铛”一样悬挂于枝头，因而得名“悬铃木”。

果实由整个雌花序发育而来，被称为“聚花果”，包含有很多个小坚果。

除了我，常见的还有二球和三球悬铃木，统称为悬铃木，

我们都是世界著名的行道树树种。

我的身体

树皮

枝条和托叶

叶

雄花序

雌花序

果实（聚花果）

雄花序

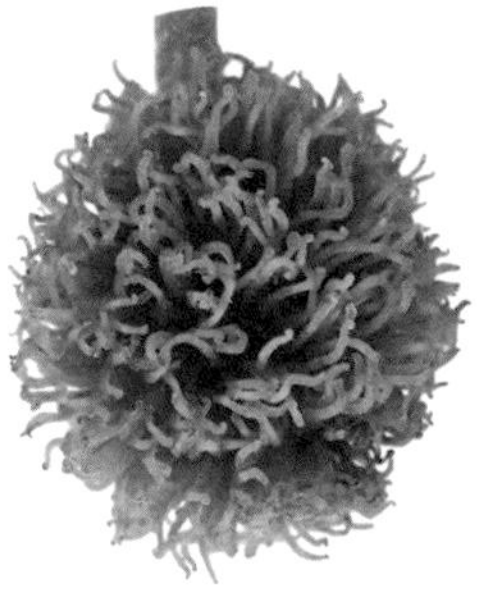
雌花序

雌花的结构

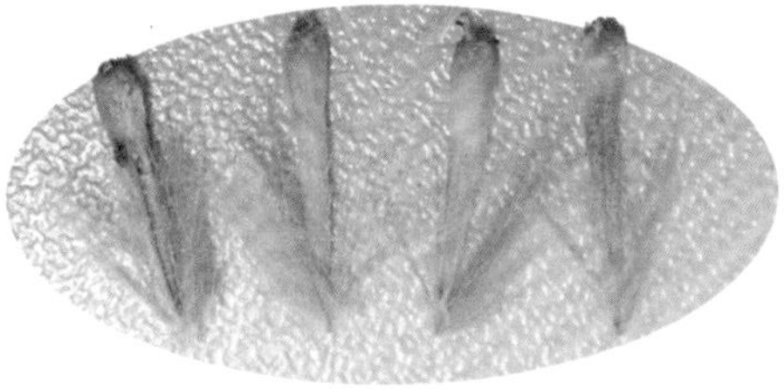
聚花果的结构

我的生长阶段

冬态期 1—3 月

花期 4—5 月

果实成熟期 9—10 月

我的价值

悬铃木家族的树种全都是树干高大，
树形雄伟，树冠广阔，叶大荫浓，
生长迅速，适应性强，又耐修剪整形，
因此被世界各地广泛应用，
特别适合种植在道路两旁，
有“行道树之王”之称。
悬铃木对烟尘抗性强，
并能吸收有害气体、净化空气，
还能隔离噪音，是优良的城市绿化树种，
在我国从南至北均有栽培。

需要注意的是，悬铃木的幼枝和幼叶生有大量的茸毛和星状毛。这些毛脱落后飘浮在空气中会引起部分人呼吸道不适甚至过敏，应给予关注。现在科研人员已在培育悬铃木的无毛品种。

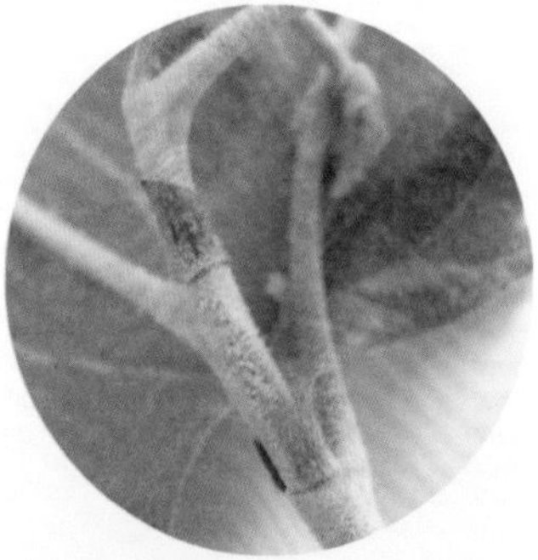

在悬铃木家族中，

除了我，常见的还有二球悬铃木和三球悬铃木。

主要区别为一球悬铃木树皮下部灰褐色，

小片状开裂，上部灰白色，大片状剥落，果序常单生；

二球悬铃木树皮灰白色，

大片状剥落，果序常 2 个串生；

三球悬铃木树皮灰白色，

大片状剥落，果序常 3 个至多个串生。

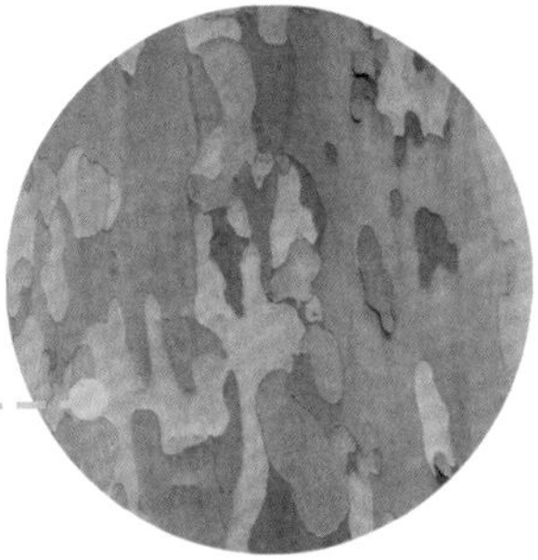

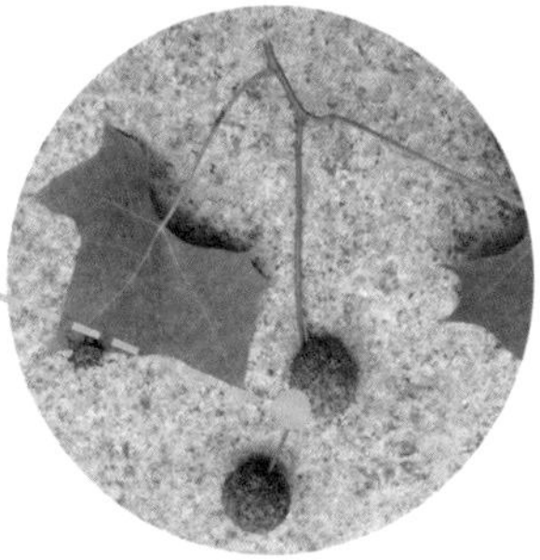

一球悬铃木、二球悬铃木和三球悬铃木在中国经常被称为

美国梧桐（美桐）、英国梧桐（英桐）和法国梧桐（法桐）。

这是因为它们的叶子形状与中国的梧桐相似，才有这些别名。

实际上悬铃木和梧桐是完全不同的植物。

梧桐是锦葵科高大乔木，

树皮青绿色、平滑，又叫青桐。

梧桐树的叶子比悬铃木更大，

圆锥花序，果实形状像小舟，很是奇特。

实践

据记载三球悬铃木在晋代已传入中国，一球悬铃木和二球悬铃木在我国也有100多年的栽培历史，其别名美桐、英桐、法桐也都有不同的由来。通过查阅资料，更多了解一下关于这三种悬铃木在中国的历史和现状吧！

很多地方3种悬铃木都有栽植，去寻找一下，并观察比较一下它们的树干、叶片、果实都有哪些不同之处。

	树干（颜色、剥落方式）	叶片（裂片数量和大小）	果序（数量和形态）
一球悬铃木			
二球悬铃木			
三球悬铃木			

悬铃木的球形聚花果十分独特，成熟时很容易散开，捡一个掉落的果实，带回家亲自剖开并观察。根据前面的知识，说明以下分别都是什么结构，由什么发育而来。

拓展

树木的枝条上都长有芽，芽是尚未发育展开的枝叶或花和花序的雏体。在悬铃木的枝条上，当长有叶子时，却看不到芽，只有冬季叶子自然脱落后才能看到芽。你知道这是什么原因吗？

yuán bǎi
圆柏

Juniperus chinensis

柏科

松柏经寒枝犹茂，遇雪挺立叶更青。

小寒

我的自画像

我叫圆柏，又叫桧柏，是柏科家族的一员，一种常绿大乔木，四季常青。

我的树皮纵裂成长条片状。幼树的枝条斜向上伸展，形成尖塔形树冠，

老树的大枝平展，形成广圆形的树冠。

最奇特的是我的叶子，有 2 种形状，而且还会变化，被称作“二型叶”。

在我幼年时叶子主要是刺形，通常 3 枚叶子轮生，但随着树龄的增长，

很多刺叶会渐渐变成鳞形。鳞形叶是交互对生的，排列十分紧密。

我通常是雌雄异株，雄树在春天时开满黄色的雄球花，形似一个个小小的菠萝。

雌树上的雌球花很小，绿紫色，需要仔细寻找才能发现。

我是裸子植物，没有果实，但雌树的雌球花能结出很多像小浆果一样的球果。

球果近球形，成熟时褐色，种鳞肉质，不开裂，常被白粉，很是亮眼。

我是中国传统的园林树种，各地都能见到我的身影，还有很多古树名木呢！

我的身体

树皮

枝叶（二型叶）

雄球花枝

雌球花枝

球果枝

种子

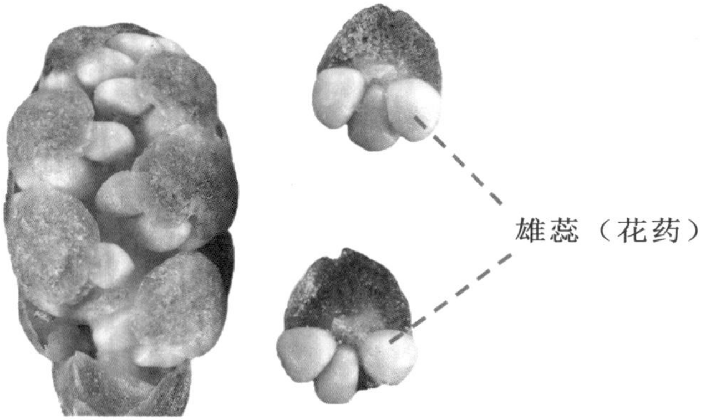

雄球花的结构

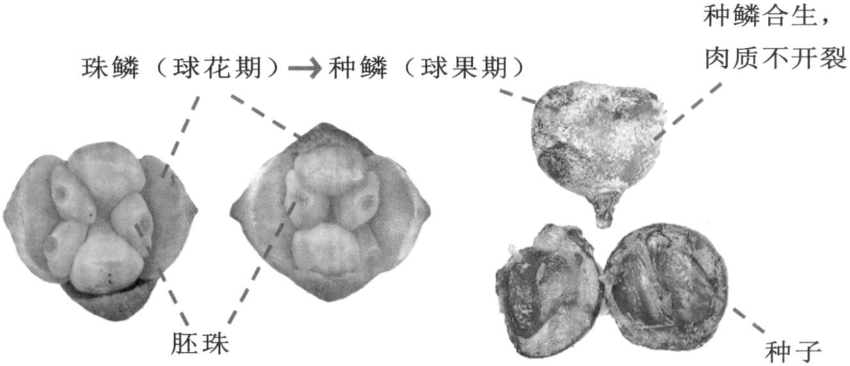

雌球花的结构　　球果的结构

我的生长阶段

球花期 3—4 月　球果发育期 次年 4—9 月　球果成熟期 次年 10—11 月

我的价值

圆柏古时称“桧（guì）”，
东汉《说文解字》记载：“桧，柏叶松身”。
我的树形十分优美，幼年时是整齐的圆锥形，
长大后姿态多样、老干枯荣、遒劲苍翠，
而且很耐修剪，具有顽强的生命力。
我在庭园绿化中用途极广，可以独树成景，
也可列植、片植，在庭院、殿堂、祠庙、
陵园普遍栽植，能够达到庄严肃穆的效果。

小桧新移近曲栏，养成隆栋亦非难。
当轩不是怜苍翠，只要人知耐岁寒。
——宋·韩琦《小桧》

我的木材坚实、有芳香、坚韧致密、耐腐力强，
可作建筑、家具、文具及工艺品等用材。
树根、树干及枝叶可提取柏木脑的原料及柏木油；
种子可提取润滑油。

我的朋友圈

我的栽植和应用极为广泛，
形成了很多的栽培变型，
常见的有龙柏、铺地龙柏、球柏等。
龙柏只有鳞形叶，老枝向上扭转伸展；
铺地龙柏无直立主干，枝就地平展；
球柏为丛生圆球形灌木，枝密生，
叶既有鳞形也有刺形。

还有一种非常常见的柏树，名字叫侧柏，
分布和栽培也很广，价值很大，
还是北京的市树呢！我们主要有2个特征可以区别。
一是叶子。圆柏有刺形和鳞形两种叶，
而且枝叶不在一个平面上；侧柏全为鳞形叶，
枝叶在一个平面上。
二是球果。圆柏的球果是肉质的，成熟时不开裂；
侧柏的球果未成熟时肉质，
但成熟后会变成木质，而且会开裂。

实践

《说文解字》记载圆柏“柏叶松身”。柏科的柏树多数是常绿乔木，有些和松科的松树外形很像，但二者在树皮、叶子和球果特征上都有很大区别。请你留意记录一下身边还有哪些柏树，并观察比较一下松科和柏科树种的区别吧！

	树皮开裂方式	叶子形状和排列方式	球果种鳞排列方式
柏科			
松科			

根据记载，3000 多年前，我国中原、淮扬、江汉等地就有很多圆柏的大树。西周的诸侯国中，便有将圆柏作为国名，称为“桧”。圆柏寿命极长，在古庭院、古寺庙等风景名胜区多有树龄几百年甚至千年的古柏。这些古树经历了朝代更替，见证了历史。请你查查资料，看看我们国家各地都有哪些著名的圆柏古树。

圆柏有很高的应用价值，但也会给我们的生活带来一些困扰。圆柏的雄树在每年春季会开出很多雄球花，它们在成熟后会释放出大量的花粉。圆柏的花粉会使很多人过敏，是一些地区致敏性花粉的主要来源之一。请你通过查阅资料（有条件可在显微镜下亲自观察）了解一下圆柏花粉的特征，并思考一下有什么好的方法可以减少圆柏花粉过敏。

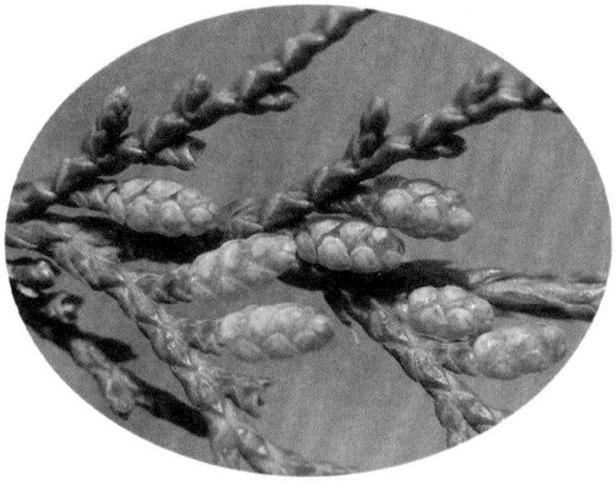

圆柏散完粉的雄球花

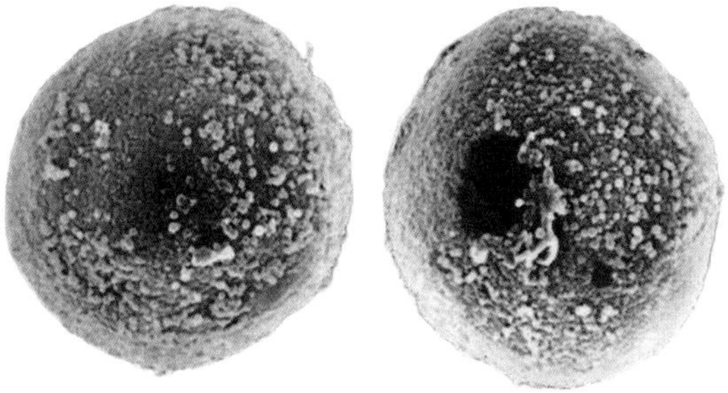

电子显微镜下的圆柏花粉

拓展

在农业生产上，种植苹果、海棠和梨的产区附近都不能种植圆柏，而圆柏种植较多的地方，也不宜发展苹果园、梨园等果园。如果都要种植，二者至少应相距5千米以上。你知道为什么圆柏与苹果、海棠、梨等蔷薇科果树不能种植在一起吗？

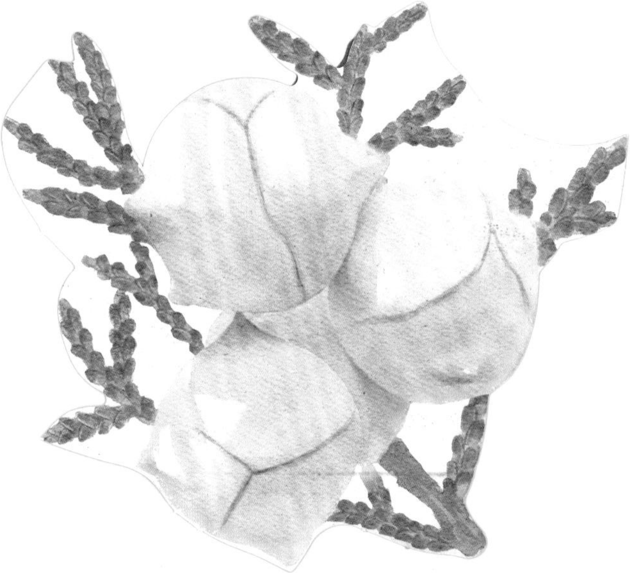

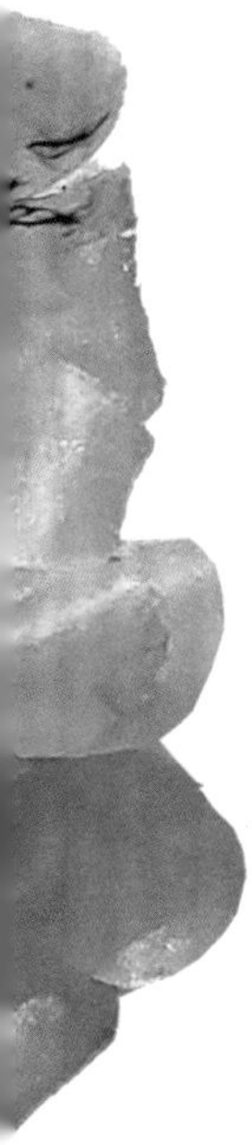

là

蜡

méi

梅

Chimonanthus praecox

蜡梅科

寒冬腊月不畏雪，一树黄花香满庭。

我的自画像

我叫蜡梅，是一种灌木或小乔木，

原产于中国，为著名的冬季观花树种。

我的茎干常丛生，树皮灰褐色。

我的叶子对生，边缘全缘，表面光亮，但却具有粗糙的刚毛，

如果你用手摸一摸，会有砂纸一样的触感。

我在冬天至早春开花，等满树花朵落尽后才长叶子，

所以花与叶子注定无法相见。

我的花朵颜色是透亮的明黄色，芬芳馥郁，

哪怕隔着一段距离，你也会被我的花香所吸引，寻香而至观赏我。

每朵花有多轮大小不等的花被片，中轮的有紫色条纹。

雌蕊多个，离生，生于坛状的花托内。

我的果实非常独特，每到秋季树上会有很多椭圆形的“小坛子”，被称为“蜡梅果”。

实际上，它们是由花托发育成的果托，

我真正的果实却是包在里边，长圆形，黑褐色，有光泽。

我不是梅花胜似梅花，色似蜜蜡，

晶莹剔透，美丽芬芳，人们都很喜欢我。

我的身体

树干

枝芽

叶

花枝

果托（坛状）

果实(瘦果)

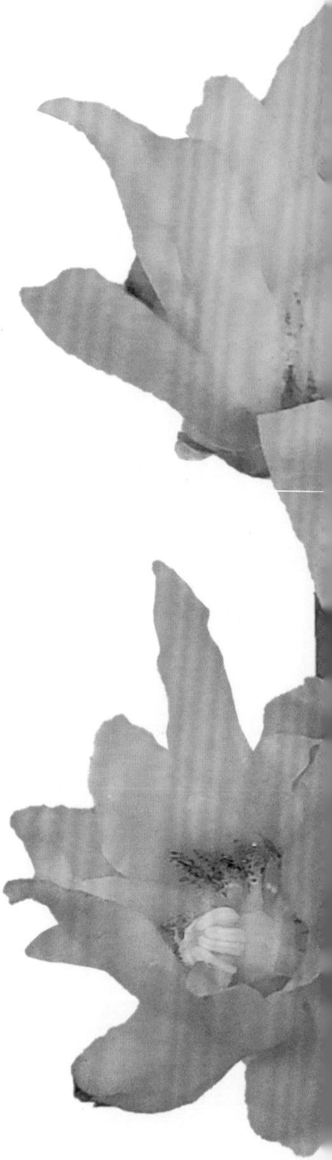

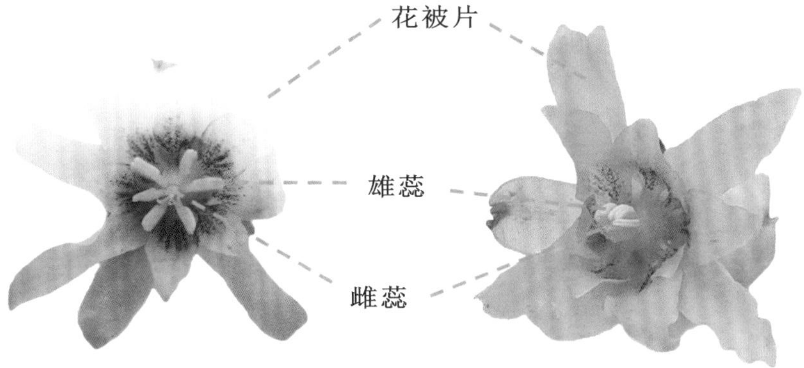

花的结构

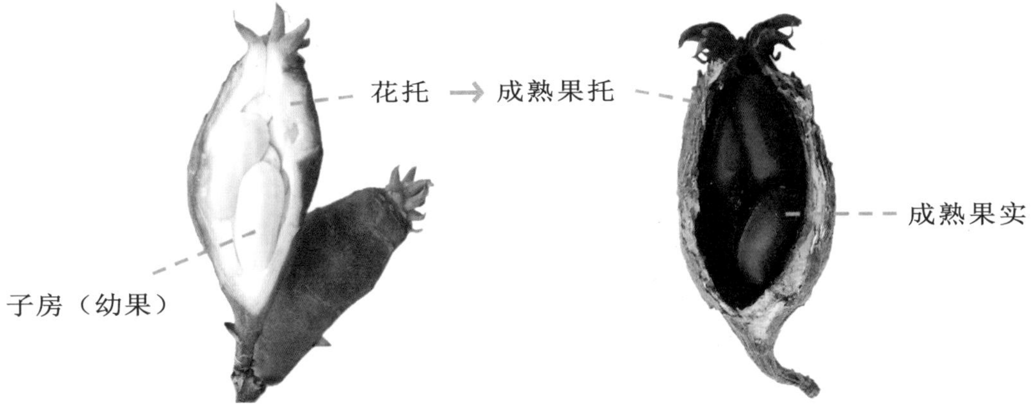

果托和果实

我的生长阶段

花期 12 月至次年 3 月　　幼果期 4—7 月　　果实成熟期 8—9 月

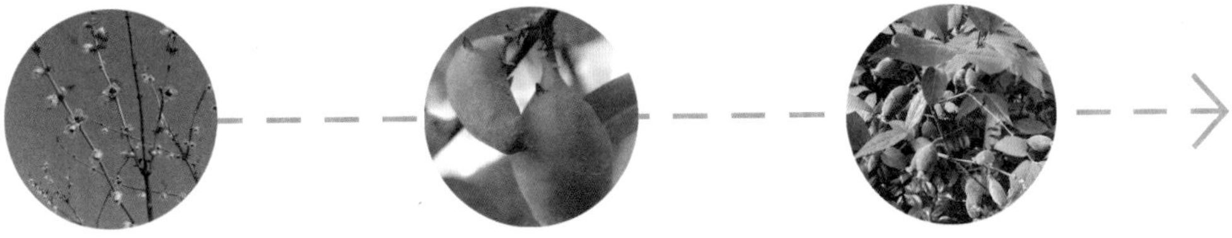

我的价值

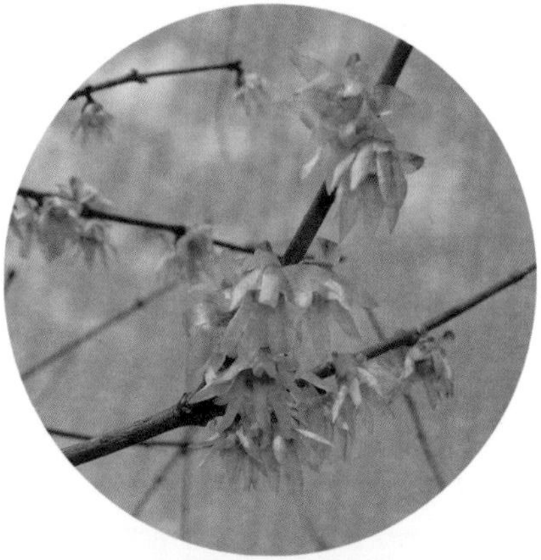

我是中国重要的传统名花，有着悠久的栽培历史，
无论是成片种植，还是与树木山石组合，
都能营造出浓郁中式风格的景观效果，
在园林园艺中占有独特的地位。
寒冬腊月，百花凋零，蜡梅一枝独俏，
隆冬绽放，花色独特，花味芳香，
花姿秀美，傲立霜雪，为冬日增添了一抹温暖的色调。

底处娇黄蜡样梅，幽香解向晚寒开。

——宋·李廌《次韵秦少章蜡梅》节选

闻君寺后野梅发，香密染成宫样黄。

——宋·黄庭坚《从张仲谋乞蜡梅》节选

我的花芳香可人，含挥发油，
可以用于提取芳香油或香精，还可以入药。
我的种子又称“土巴豆”，含蜡梅碱，
有微毒，可以作药材，但不可食用！

我们蜡梅科家族很小，全世界只有 10 多种。

夏蜡梅和我名字相近，但在形态上却有较大差别。

夏蜡梅也是一种观花灌木，

花顶生而大，直径 4 ～ 7 厘米，

褐红色或粉红白色，花被片肉质。

因为在 5 月至 6 月才开花，因而得名。

另外，人们经常把我和梅花混淆。

虽然都被称为“梅”，且都在天气寒冷时开花，

但梅花是蔷薇科小乔木，和我并不是一家，

在形态特征上我们也有明显区别。

梅花和桃、杏、李等相似，有 5 个花瓣，

花呈粉红色、红色或白色，果实为肉质的核果，

俗称“梅果”。梅花多在早春开花，

是中国传统的果树和名花。

实践与拓展

实践

蜡梅是因花瓣质地如蜜蜡而得名。明代《本草纲目》中记载：“蜡梅，释名黄梅花。此物非梅类，因其与梅同时，香又相近，色似蜜蜡，故得此名。”但从古至今，很多人也会误称我为“腊梅”，这是因为我在农历腊月里开花，香如梅花而得名。请你查阅资料，更多了解一下“蜡梅”和“腊梅”名字背后的历史和故事！

查询一下当地附近哪里有蜡梅，如果去找，你怎么样才能找到它呢？蜡梅有很多栽培品种，在蜡梅开花时节，请你留意观察一下长得不一样的蜡梅花，了解一下都是哪些品种，并给它们拍照记录吧！

蜡梅冬季开花，却是靠昆虫传粉。蜡梅花被片基部有蜜腺分泌花蜜，开花后飘散的花蜜气味，对昆虫有强烈的吸引作用。研究发现，来访昆虫主要有苍蝇、食蚜蝇和蜂类等。在蜡梅开花时节，也请你留意观察一下当地的蜡梅主要由哪些昆虫传粉，以及它们访花的时间各有什么特点。

拓展

仔细观察你会发现，同一株蜡梅开花时，有的花雄蕊接近平展，雌蕊的花柱和柱头伸出，而有的花雄蕊却挺直合拢在一起包围住雌蕊。你知道为什么会出现这种雌雄蕊发育不同的现象吗？

说明

书中共包含71种树木，以华北地区分布为主，部分种类栽培范围较广。主要介绍的24种树木以中国二十四节气顺序编排，但同一树木的物候在不同地方、不同年份会有所差异。书中的树木物候不专指某一地或某一年的情况。

树木的中文名和学名主要参考植物智网站（www.iplant.cn）的最新分类和名称，但考虑到习惯用法，桑、槐、栾在书中的中文名写为桑树、槐树、栾树，元宝槭则写为更普遍的名称元宝枫。

书中所用照片多数为作者所拍摄，感谢张志翔、林秦文、肖翠、李秉玲、蔡明、尚策等老师提供部分照片。